うんこドリル

東京大学との共同研究で学力向上・学習意欲向上が実証されました！

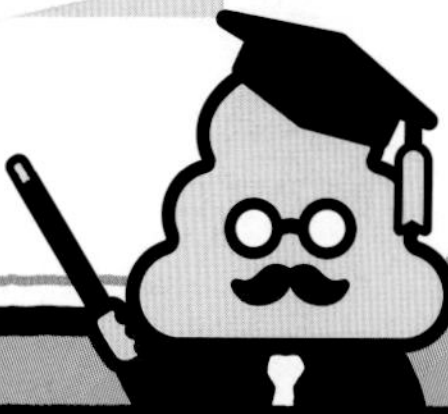

❶ 学習効果UP!

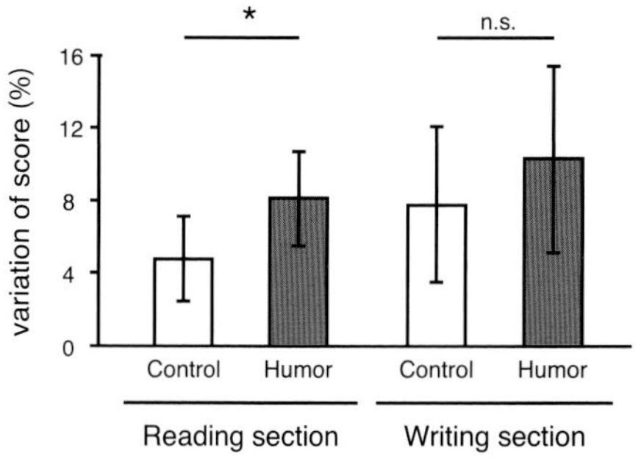

※「うんこドリル」とうんこではないドリルの、正答率の上昇を示したもの。
Control＝うんこではないドリル　／　Humor＝うんこドリル
Reading section＝読み問題　／　Writing section＝書き問題

オレンジのグラフがうんこドリルの学習効果なのじゃ！

うんこドリルで学習した場合の成績の上昇率は、うんこではないドリルで学習した場合と比較して**約60％高い**という結果になったのじゃ！

❷ 学習意欲UP!

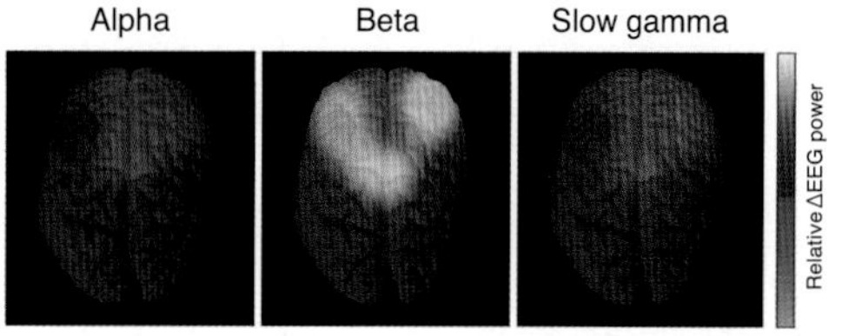

※「うんこドリル」とうんこではないドリルの閲覧時の、脳領域の活動の違いをカラーマップで表したもの。左から「アルファ波」「ベータ波」「スローガンマ波」。明るい部分ほど、うんこドリル閲覧時における脳波の動きが大きかった。

明るくなっているところが、うんこドリルが優位に働いたところなのじゃ！

うんこドリルで学習した場合「記憶の定着」に効果的であることが確認されたのじゃ！

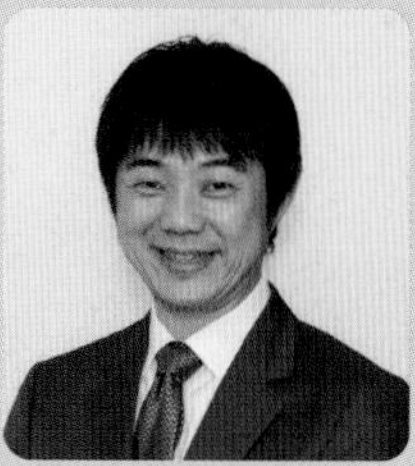

共同研究　東京大学薬学部　池谷裕二教授

1998年に東京大学にて薬学博士号を取得。2002〜2005年にコロンビア大学（米ニューヨーク）に留学をはさみ、2014年より現職。専門分野は神経生理学で、脳の健康について探究している。また、2018年よりERATO脳AI融合プロジェクトの代表を務め、AIチップの脳移植による新たな知能の開拓を目指している。
文部科学大臣表彰 若手科学者賞（2008年）、日本学術振興会賞（2013年）、日本学士院学術奨励賞（2013年）などを受賞。

著書：『海馬』『記憶力を強くする』『進化しすぎた脳』
論文：Science 304:559、2004、同誌 311:599、2011、同誌 335:353、2012

先生のコメントはウラへ

考察　池谷裕二教授より

教育において、ユーモアは児童・生徒を学習内容に注目させるために広く用いられます。先行研究によれば、ユーモアを含む教材では、ユーモアのない教材を用いたときよりも学習成績が高くなる傾向があることが示されていました。これらの結果は、ユーモアによって児童・生徒の注意力がより強く喚起されることで生じたものと考えられますが、ユーモアと注意力の関係を示す直接的な証拠は示されてきませんでした。そこで本研究では９～10歳の子どもを対象に、電気生理学的アプローチを用いて、ユーモアが注意力に及ぼす影響を評価することとしました。

本研究では、ユーモアが脳波と記憶に及ぼす影響を統合的に検討しました。心理学の分野では、ユーモアが学習促進に役立つことが提唱されていますが、ユーモアが学習における集中力にどのような影響を与え、学習を促すのかについてはほとんど知られていません。しかし、記憶のエンコーディングにおいて遅いγ帯域の脳波が増加することが報告されていることと、今回我々が示した結果から、ユーモアは遅いγ波を増強することで学習促進に有用であることが示唆されます。
さらに、ユーモア刺激によるβ波強度の増加も観察されました。β波の活動は視覚的注意と関連していることが知られていること、集中力の程度は体の動きで評価できることから、本研究の結果からは、ユーモアがβ波強度の増加を介して集中度を高めている可能性が考えられます。

これらの結果は、ユーモアが学習に良い影響を与えるという instructional humor processing theory を支持するものです。

※ J. Neuronet., 1028:1-13, 2020　http://neuronet.jp/jneuronet/007.pdf

東京大学薬学部　池谷裕二教授

1

3年生で習った かけ算・わり算

今日のせいせき
まちがいが
0~2こ よくできたね!
3~5こ できたね
6こ~ がんばれ

3年生で習ったかけ算の筆算とわり算のふく習をしよう。

1 かけ算をしましょう。

① 0×9　② 10×8

③ 6×10　④ 0×10

⑤ 70×30　⑥ 40×50

2 筆算で計算をしましょう。

① 81×4　② 37×7　③ 276×5　④ 62×39

⑤ 23×80　⑥ 427×49　⑦ 406×76

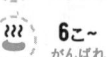

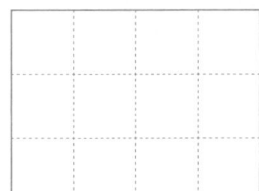

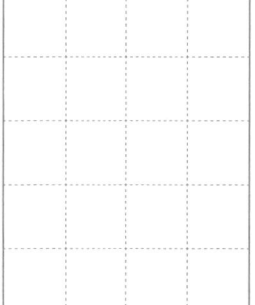

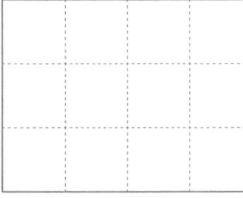

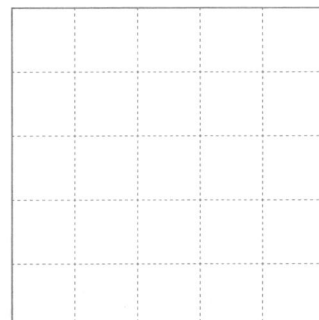

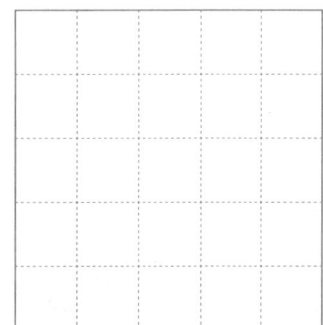

3 わり算《ざん》をしましょう。

① 72÷8　　② 16÷2

③ 35÷7　　④ 6÷1

⑤ 0÷3　　⑥ 84÷4

⑦ 48÷5　　⑧ 20÷6

テストに出るうんこ

難《なん》易《い》度順！

アクロバティックうんこ技《わざ》 10

1
ド
ン
エル・パン・キャノン
全身《ぜんしん》で大砲《たいほう》を作《つく》り，うんこをする!!!!!!

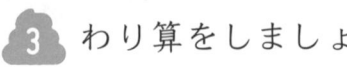

2 何十・何百のわり算

今日のせいせき
まちがいが
0~2こ よくできたね!
3~5こ できたね
6こ~ がんばれ

何十や何百のわり算は，10や100のまとまりで考えて計算しよう。

1 80÷2の計算のしかたを考えます。

10のまとまりで考える。

80は，10が 8 こだから，80÷2は，

10が 8÷2=4 (こ)。だから，80÷2= 40 。

2 わり算をしましょう。

① 90÷3

② 60÷2

③ 40÷2

④ 80÷4

⑤ 120÷3

⑥ 150÷5

⑦ 160÷2

⑧ 200÷4

⑨ 600÷3

⑩ 800÷2

⑪ 2800÷7

⑫ 4000÷5

3 わり算をしましょう。

① 400÷2

② 100÷5

③ 210÷3

④ 490÷7

⑤ 320÷4

⑥ 60÷3

⑦ 300÷6

⑧ 800÷4

⑨ 180÷3

⑩ 3000÷5

テストに出るうんこ

難易《なんい》度順！

アクロバティックうんこ技《わざ》10

2
ドラゴニック・パープルサンダー
翔龍《しょうりゅう》のごとく天《てん》に駆《か》け上《あ》がり，うんこをする!!!!!!

3 2けた÷1けたの筆算①

今日のせいせき
まちがいが
0~2こ よくできたね!
3~5こ できたね
6こ~ がんばれ

まずは，わり算の筆算のしかたを覚《おぼ》えよう。

1 51÷3の筆算のしかたを考えます。

十の位《くらい》の計算

❶ 5÷3=1あまり2
1を十の位にたてる。

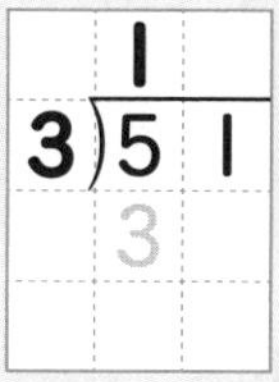

❷ 3と1をかける。

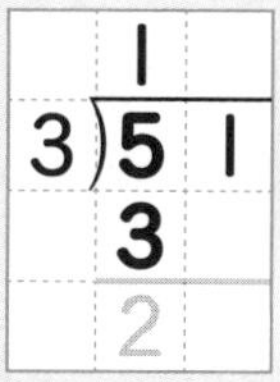

❸ 5から3をひく。

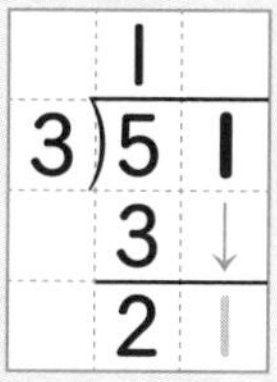

❹ 一の位の
1をおろす。

一の位の計算

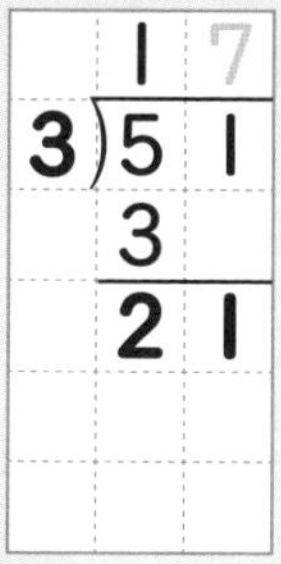

❺ 21÷3=7
7を一の位にたてる。

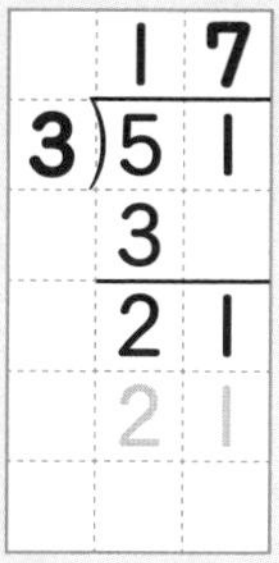

❻ 3と7をかける。

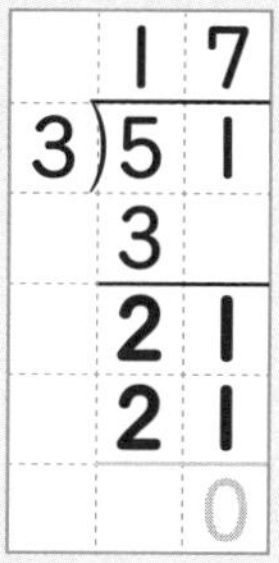

❼ 21から21をひく。

2 筆算で計算をしましょう。

① 2)32

② 5)70

③ 4)92

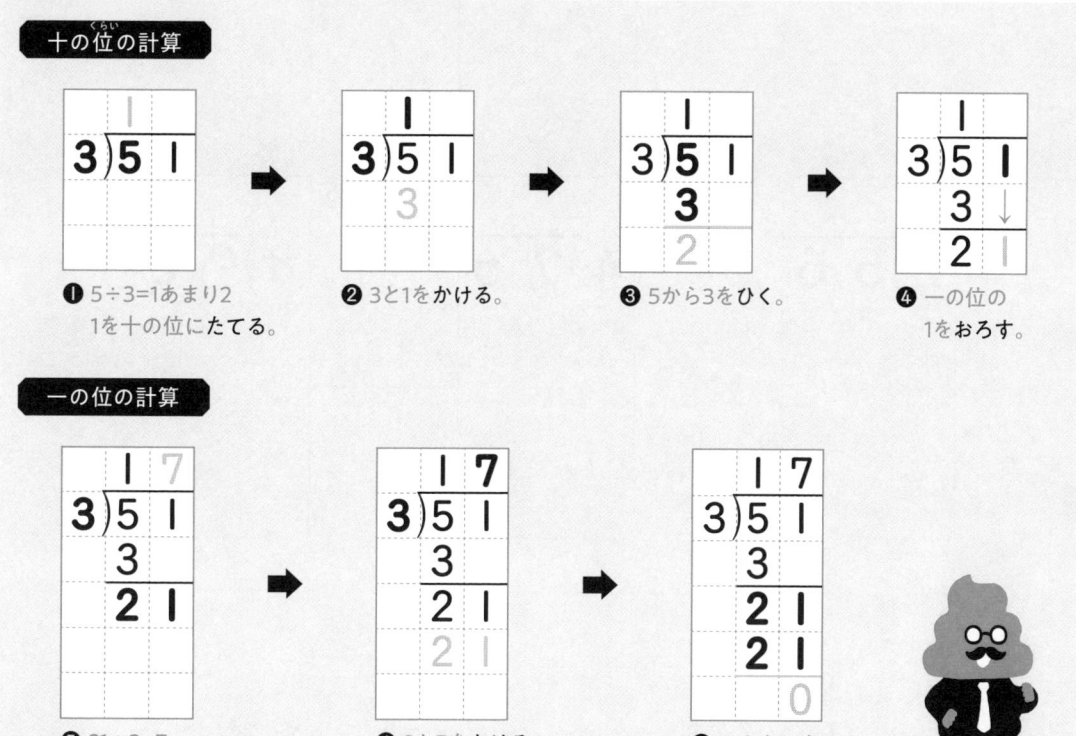

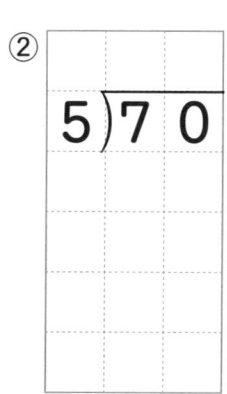

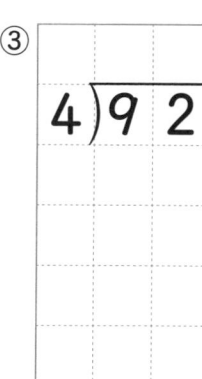

3 筆算で計算をしましょう。

① 6)78

② 5)80

③ 3)78

④ 2)56

⑤ 4)76

⑥ 8)96

うんこ文章題《ぶんしょうだい》にチャレンジ！ 1

岩のようにかたいうんこが91こあります。空手家《からてか》7人に同じ数ずつけりこわしてもらいます。

1人何こずつけりこわせばよいですか。

式

答え ＿＿＿＿＿＿＿＿

筆算

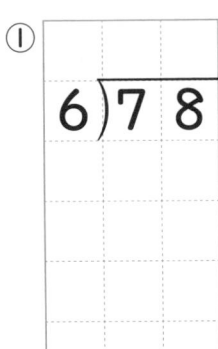

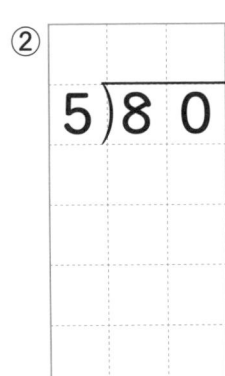

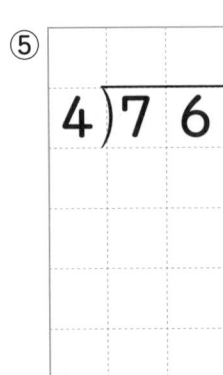

4 2けた÷1けたの筆算②

今日のせいせき
まちがいが
0~2こ よくできたね!
3~5こ できたね
6こ~ がんばれ

あまりがあるわり算をするよ。
あまりがわる数より小さくなっているか気をつけよう。

1 83÷4の筆算のしかたを考えます。

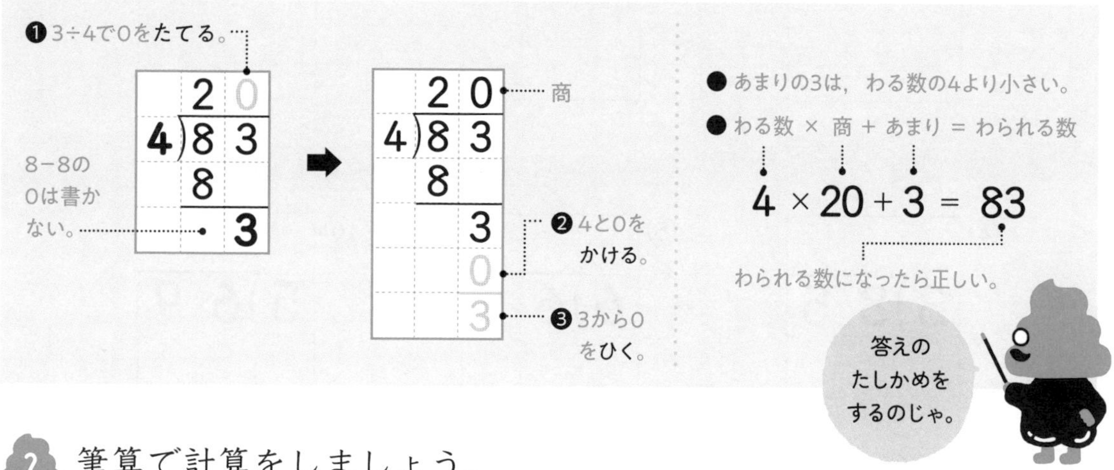

2 筆算で計算をしましょう。

① 5)88

② 2)61

③ 6)94

④ 3)74

⑤ 4)66

⑥ 7)94

3 筆算で計算をしましょう。

① 4)58

② 6)75

③ 2)71

④ 3)85

⑤ 6)65

⑥ 5)69

うんこ文《ぶん》章《しょう》題《だい》にチャレンジ！ 2

長さ35cmのうんこを2cmずつに切って「ミニうんこ」を作ります。

ミニうんこは何こできて，何cmあまりますか。

筆算

式

答え ______________________

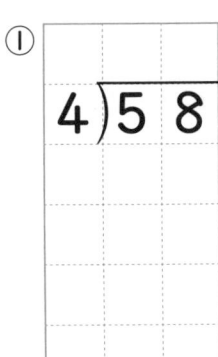

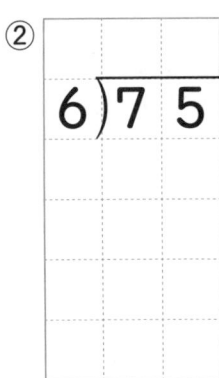

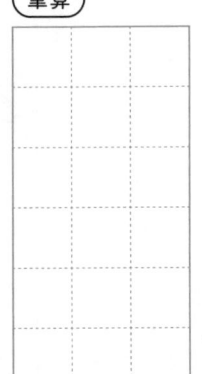

5

3けた÷1けたの筆算①

今日のせいせき
まちがいが
0~2こ よくできたね!
3~5こ できたね
6こ~ がんばれ

わられる数が3けたになっても,
筆算のしかたは今までと同じだよ。

1 614÷4の筆算のしかたを考えます。

百の位の計算

6÷4= 1あまり2
1をたてる。

十の位の計算

21÷4= 5あまり1
5をたてる。

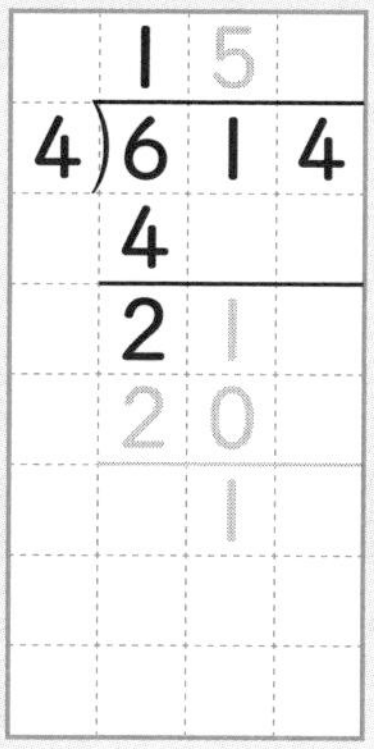

一の位の計算

14÷4= 3あまり2
3をたてる。

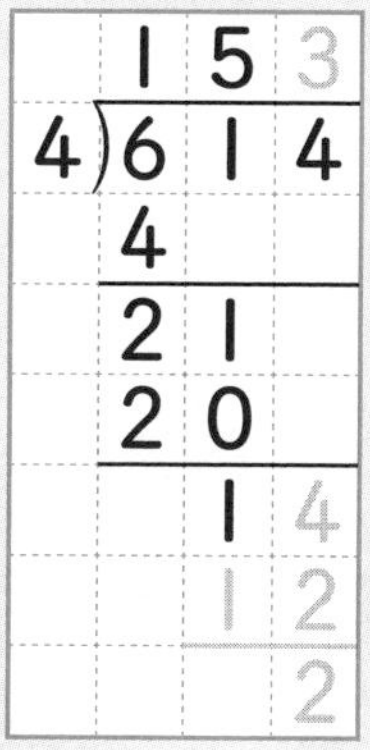

2 筆算で計算をしましょう。

① 5)793

② 3)649

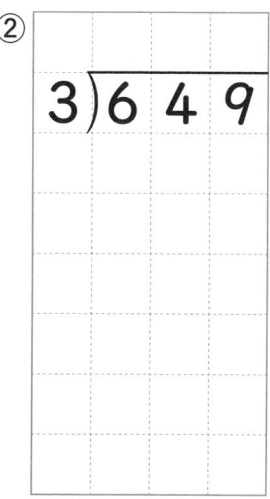

③ 7)873

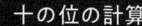

3 筆算で計算をしましょう。

① 5)6 7 7

② 3)9 5 2

③ 2)7 1 2

テストに出るうんこ

難《なん》易《い》度順！

アクロバティックうんこ技《わざ》

10

3
魔狼灼炎輪《まろうしゃくえんりん》
ふんばる力《ちから》で炎《ほのお》の輪《わ》を生《う》み出《だ》し，うんこをする!!!!!!

6

3けた÷1けたの筆算②

今日のせいせき
まちがいが
0~2こ よくできたね!
3~5こ できたね
6こ~ がんばれ

商に0がたつわり算をするよ。
0を書くのをわすれないようにしよう。

1 817÷2の筆算のしかたを考えます。

1÷2で十の位に0をたてる。

	4	0	
2)	8	1	7
	8		
		1	
		0	
		1	

➡

17÷2で一の位に8をたてる。

	4	0	8
2)	8	1	7
	8		
		1	
		0	
		1	7
		1	6
			1

	4	0	8
2)	8	1	7
	8		
		1	7
		1	6
			1

このように
0の計算を
省《はぶ》いても
いいぞい。

2 筆算で計算をしましょう。

① 6)784

② 8)848

③ 3)613

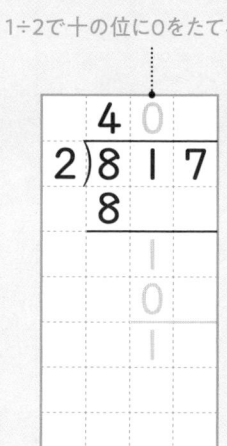

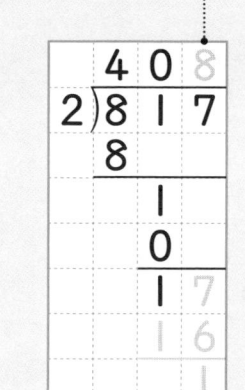

3 筆算で計算をしましょう。

① 5)753

② 6)654

③ 4)817

④ 2)780

⑤ 3)326

⑥ 7)915

7 3けた÷1けたの筆算③

今日のせいせき
まちがいが
0~2こ よくできたね!
3~5こ できたね
6こ~ がんばれ

商が2けたのわり算をするよ。
商がたつ位《くらい》に気をつけよう。

1 345÷4の筆算のしかたを考えます。

百の位の計算

```
  ×
4)345
```

3÷4で、百の位に商はたたない。

➡

十の位の計算

```
   8
4)345
  32
   2
```

34÷4で、十の位に8をたてる。

➡

一の位の計算

```
   86
4)345
  32
   25
   24
    1
```

25÷4で、一の位に6をたてる。

2 筆算で計算をしましょう。

① 6)164

② 2)157

③ 4)215

④ 3)126

⑤ 7)566

⑥ 5)371

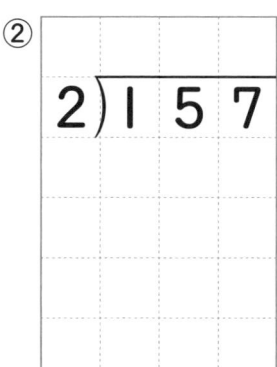

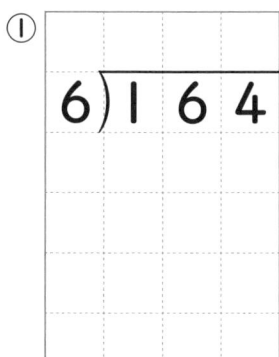

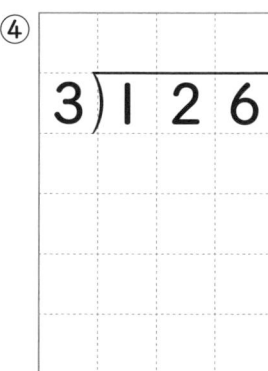

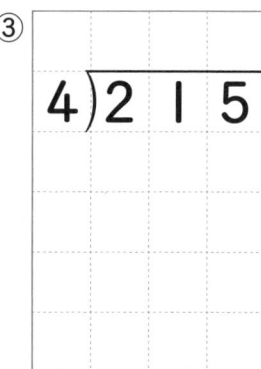

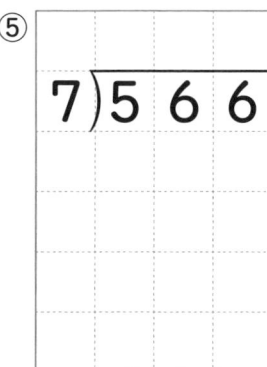

3 筆算で計算をしましょう。

① 2)106

② 4)258

③ 9)678

④ 6)250

⑤ 8)293

⑥ 3)270

うんこ文章題《ぶんしょうだい》に
チャレンジ!
3

うんこにはる用のシールが売っていたので，300円で買えるだけ買いました。シールは1まい7円でした。

何まい買えて，何円あまりましたか。

式

答え

筆算

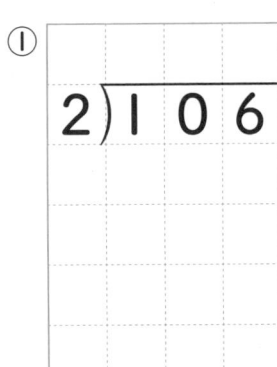

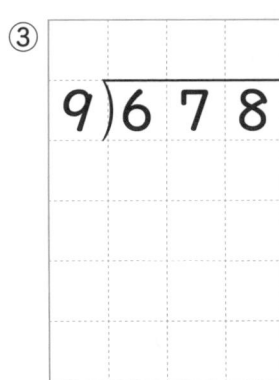

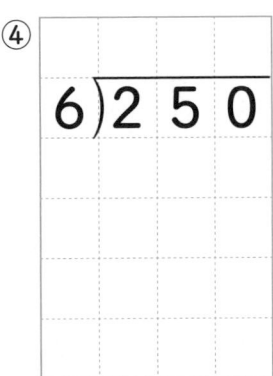

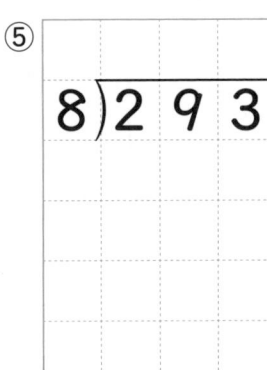

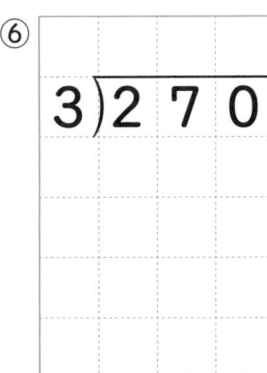

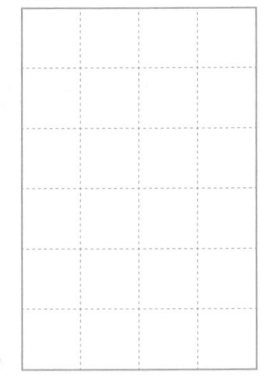

8

暗算

今日のせいせき
まちがいが
0~2こ よくできたね!
3~5こ できたね
6こ~ がんばれ

2けた÷1けたや，何百何十÷1けたの計算は
筆算でしなくても，暗算でできるようになろう。

1 56÷2の暗算のしかたを考えます。

56 ÷ 2

40　16

❶ わられる数を
2でわりきれる
何十と残《のこ》りに分ける。

40 ÷ 2 = 20
16 ÷ 2 = 8

❷ 分けた数を
それぞれ
わり算する。

合わせて　28

❸ ❷の答えを
合わせる。

2 暗算で計算をしましょう。

① 48÷4 = 12
40　8

② 63÷3

③ 78÷6

④ 70÷5

⑤ 480÷4

⑥ 360÷3

答えは，
48÷4の答えに
0を1つ
つけた数じゃな。

48　÷ 4 = 12
480 ÷ 4 = 120

⑦ 500÷2

3 暗算で計算をしましょう。

① 42÷2

② 60÷5

③ 56÷4

④ 420÷2

⑤ 920÷4

⑥ 750÷5

テストに出るうんこ

難《なん》易《い》度順!

アクロバティックうんこ技《わざ》10

9 かくにんテスト 1

点

今日のせいせき
まちがいが
0~2こ よくできたね!
3~5こ できたね
6こ~ がんばれ

1 わり算をしましょう。

〈1つ4点〉

① 180÷6

② 320÷8

③ 100÷2

④ 2800÷4

⑤ 5400÷9

⑥ 2000÷5

2 筆算で計算をしましょう。

〈1つ4点〉

① 2)39

② 6)96

③ 4)98

④ 5)79

⑤ 3)57

⑥ 7)87

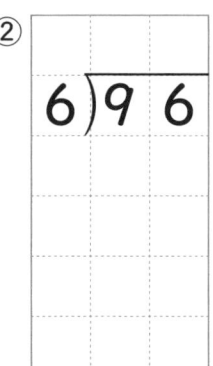

3 筆算で計算をしましょう。

〈1つ4点〉

① 7)812

② 8)965

③ 9)934

④ 4)158

⑤ 6)492

⑥ 3)164

4 暗算で計算をしましょう。

〈1つ4点〉

① 96÷4

② 540÷3

5 次のうんこ技《わざ》の名前は何ですか。

〈20点〉

あ ドラゴニック・パープルサンダー

い 魔《ま》狼《ろう》灼《しゃく》炎《えん》輪《りん》

う エル・パソ・キャノン

10 何十でわる計算

今日のせいせき
まちがいが
0~2こ よくできたね!
3~5こ できたね
6こ~ がんばれ

何十でわる計算は，10をもとにすると，
今までのわり算で計算できるよ。

1 60÷30の計算のしかたを考えます。

10をもとにして考える。

60は10が［6］こ，30は10が［3］こ。

6÷3＝［2］だから，60÷30＝［2］。

60÷30は，
10をもとに
すると，6÷3で
求《もと》められるぞい。

2 わり算をしましょう。

① 80÷20

② 120÷40

③ 560÷70

④ 360÷60

⑤ 150÷50

⑥ 200÷40

⑦ 70÷20

10をもとにすると，7÷2＝3あまり1
あまりの1は10が1このことじゃ。

⑧ 80÷30

⑨ 340÷70

⑩ 240÷50

⑪ 600÷90

3 わり算をしましょう。

① 270÷40　② 450÷90

③ 100÷20　④ 400÷60

⑤ 210÷30　⑥ 500÷80

⑦ 160÷40　⑧ 360÷70

⑨ 400÷50　⑩ 550÷90

テストに出るうんこ

難《なん》易《い》度順！

アクロバティックうんこ技《わざ》10

5
ジ・エンド・オブ・アース
空中《くうちゅう》で体《からだ》を高速《こうそく》回転《かいてん》させながら，うんこをする!!!!!!

11 2けた ÷ 2けたの筆算①

今日のせいせき
まちがいが
0~2こ よくできたね!
3~5こ できたね
6こ~ がんばれ

2けたでわるわり算は，まず商の見当をつけよう。

1 96÷32の筆算のしかたを考えます。

わる数32は30に近いので，32を
30とみて，96÷30から商の見当をつけると 3 。

$$\begin{array}{r} 3 \\ 32\overline{)96} \end{array} \quad \rightarrow \quad \begin{array}{r} 3 \\ 32\overline{)96} \\ 96 \end{array} \quad \rightarrow \quad \begin{array}{r} 3 \\ 32\overline{)96} \\ \underline{96} \\ 0 \end{array}$$

見当をつけた商3を一の位《くらい》にたてる。

32と3をかける。（3のだんの九九を使う。）

96から96をひく。

2 筆算で計算をしましょう。

① $13\overline{)39}$

② $23\overline{)69}$

③ $41\overline{)82}$

④ $21\overline{)87}$

⑤ $32\overline{)80}$

⑥ $43\overline{)95}$

④の答えのたしかめをするのじゃ。

わる数 × 商 ＋ あまり ＝ わられる数

21 × 4 ＋ 3 ＝ 87 …… わられる数になったら正しい。

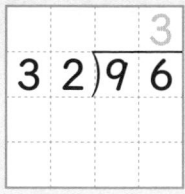

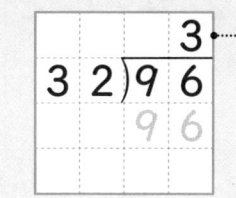

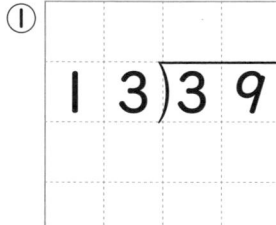

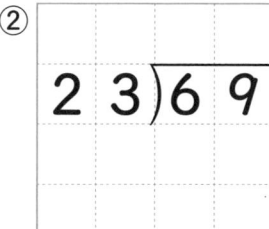

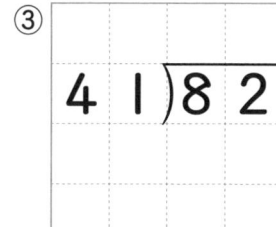

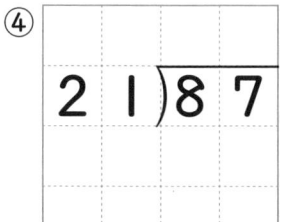

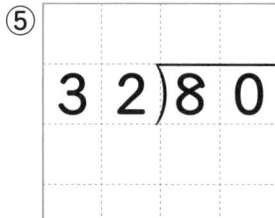

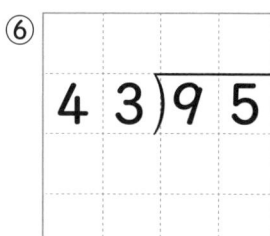

3 筆算で計算をしましょう。

① $33\overline{)99}$

② $22\overline{)70}$

③ $34\overline{)71}$

④ $12\overline{)39}$

⑤ $24\overline{)72}$

⑥ $42\overline{)84}$

⑦ $21\overline{)98}$

⑧ $12\overline{)48}$

⑨ $23\overline{)93}$

うんこ文《ぶん》章《しょう》題《だい》にチャレンジ！ 4

26ぴきのミヤマクワガタが，13このうんこに同じ数ずつ乗ります。

1このうんこに，何びきずつ乗りますか。

筆算

式

答え ＿＿＿＿＿＿＿＿

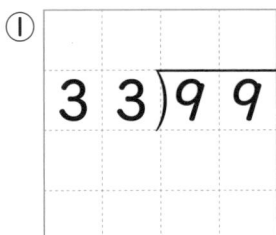

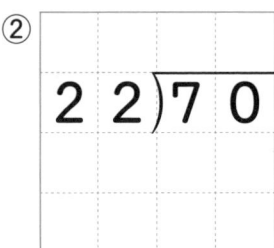

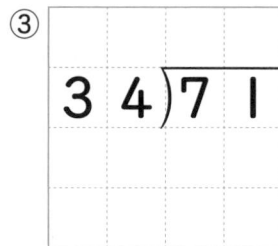

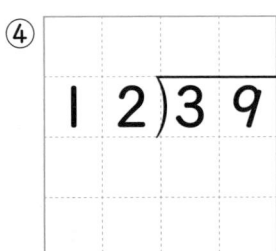

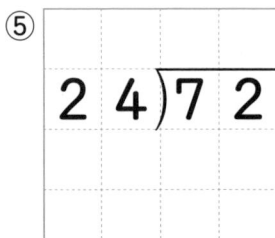

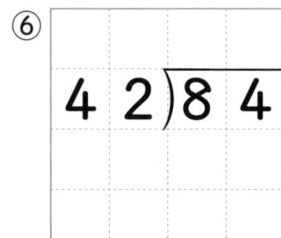

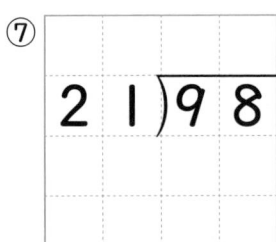

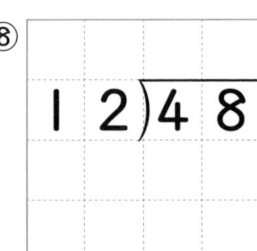

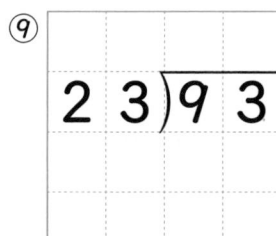

12 2けた ÷ 2けたの筆算②

今日のせいせき
まちがいが
0~2こ よくできたね!
3~5こ できたね
6こ~ がんばれ

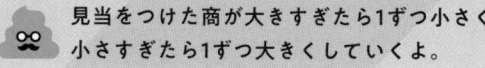

見当をつけた商が大きすぎたら1ずつ小さく，
小さすぎたら1ずつ大きくしていくよ。

1 79÷13の筆算のしかたを考えます。

わる数13は10に近いので，13を10とみて，79÷10から商の見当をつけると7。

```
     7
13)79
   91
```
ひけない

商を 1小さくする 。

```
     6
13)79
   78
    1
```

2 筆算で計算をしましょう。

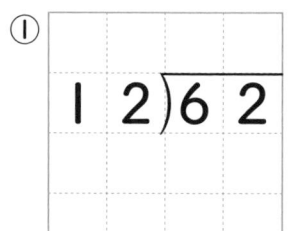

① 12)62

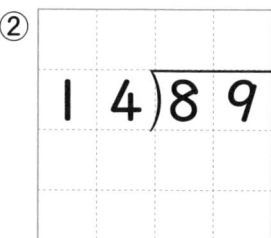

② 14)89

③ 27)57

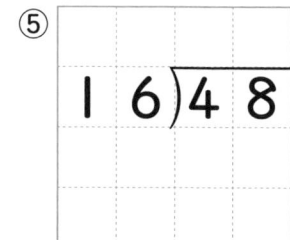

④ 28)86

⑤ 16)48

⑥ 38)79

③は57÷30から商の見当をつけると1。
商が小さすぎたときは，1大きくするのじゃ。

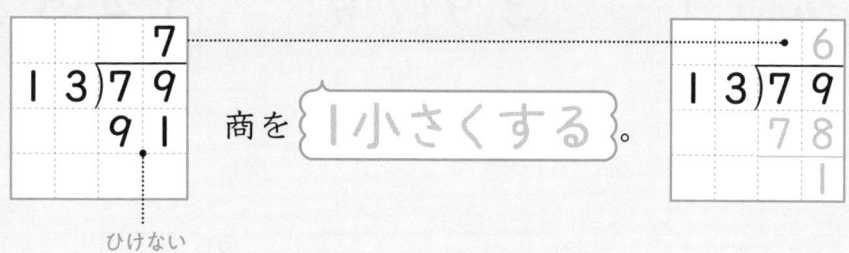

3 筆算で計算をしましょう。

① 46)98

② 12)95

③ 19)78

④ 14)71

⑤ 39)79

⑥ 14)58

⑦ 36)74

⑧ 17)68

⑨ 29)58

うんこ文章題《ぶんしょうだい》にチャレンジ！ 5

学校の上に飛行機《ひこうき》がとんできて，うんこを58こ落としました。18人の先生が同じ数ずつキャッチして，残《のこ》りは校庭に落ちました。

1人の先生がキャッチしたうんこの数は何こで，校庭に落ちたのは何こですか。

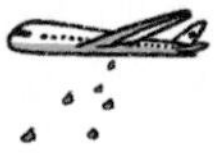

筆算

式

答え ＿＿＿＿＿＿＿＿＿＿

13 3けた÷2けたの筆算①

わられる数が3けたになっても，筆算のしかたは今までと同じだよ。

今日のせいせき
まちがいが
0~2こ よくできたね!
3~5こ できたね
6こ~ がんばれ

1 198÷37の筆算のしかたを考えます。

わる数37は40に近いので，198÷40から商の見当をつけると4。

商のたつ位《くらい》を考える。

37)198 → 37)198 → 37)198

商は一の位にたつ。

見当をつけた商を一の位にたてる。

				4
3	7)	1	9	8
		1	4	8
			5	0

あまりがわる数より大きいので，まだひける。

商を1大きくする。

				5
3	7)	1	9	8
		1	8	5
			1	3

2 筆算で計算をしましょう。

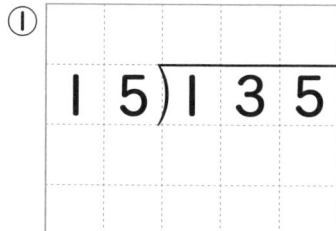

① 15)135

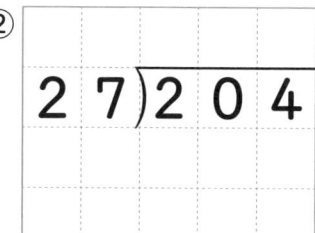

② 27)204

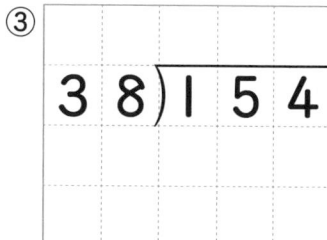

③ 38)154

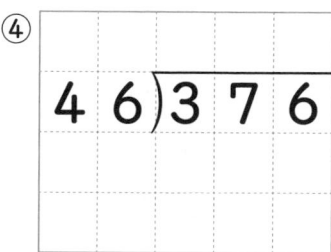

④ 46)376

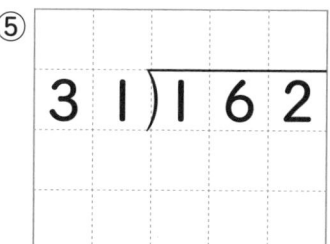

⑤ 31)162

⑥ 18)113

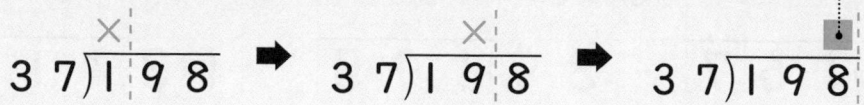

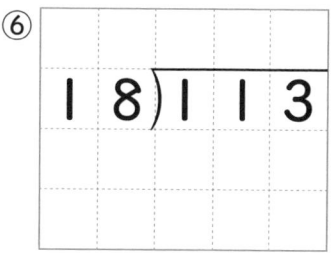

3 筆算で計算をしましょう。

① 28)171

② 41)330

③ 19)151

④ 43)167

⑤ 39)195

⑥ 13)115

⑦ 47)423

⑧ 24)202

⑨ 33)259

14 3けた ÷ 2けたの筆算②

今日のせいせき
まちがいが
0~2こ よくできたね!
3~5こ できたね
6こ~ がんばれ

商が2けたになるわり算をするよ。
商のたつ位《くらい》に気をつけよう。

1 435÷18の筆算のしかたを考えます。

商のたつ位を考える。

18)4|35 (4の上に ×) → 18)43|5 (3の上に ■) …… 商は十の位にたつ。

43÷18で十の位に商2をたてる。

```
     2
18)435
   36
    7
```

5をおろす。

```
     2
18)435
   36
    75
```

75÷18で一の位に商4をたてる。

```
     24
18)435
   36
    75
    72
     3
```

2 筆算で計算をしましょう。

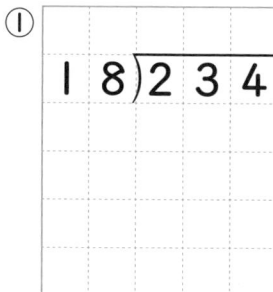

① 18)234

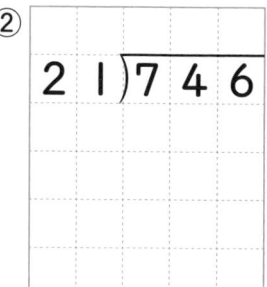

② 21)746

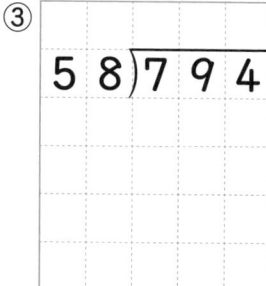

③ 58)794

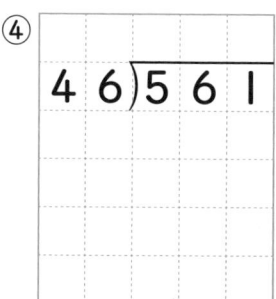

④ 46)561

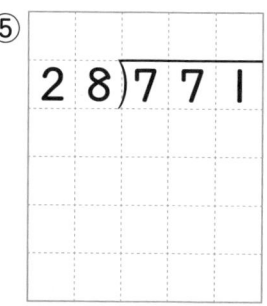

⑤ 28)771

⑥ 37)964

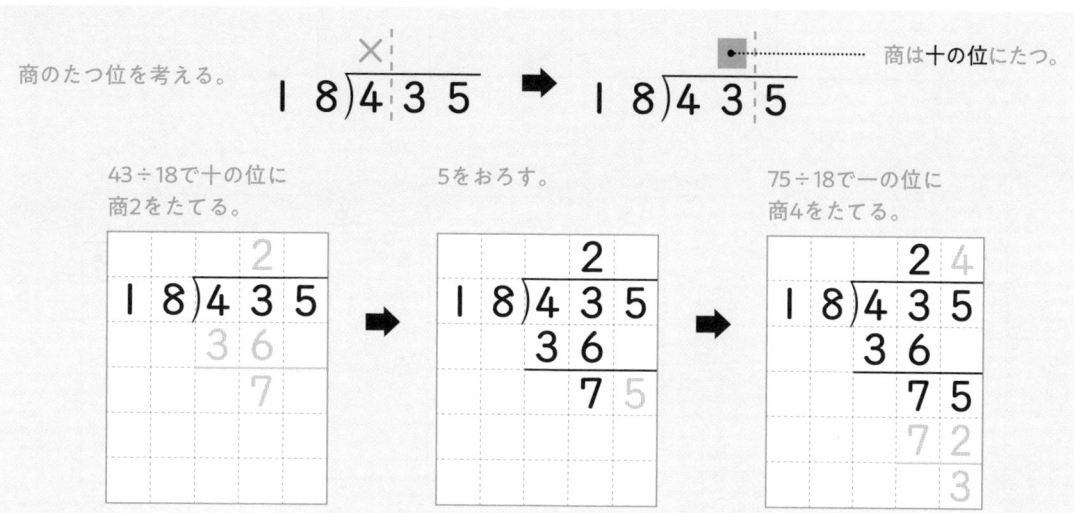

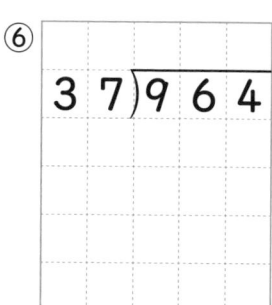

3 筆算で計算をしましょう。

① 63)937

② 51)568

③ 26)888

④ 32)608

⑤ 78)936

⑥ 42)818

うんこ文《ぶん》章《しょう》題《だい》にチャレンジ！ 6

うんこをぺらぺらにうすくのばしたものを420まい作りました。

13まいずつまとめて束《たば》にすると，何束できて，何まいあまりますか。

筆算

式

答え

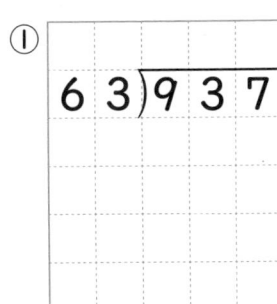

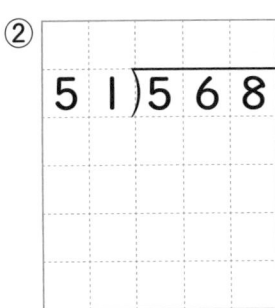

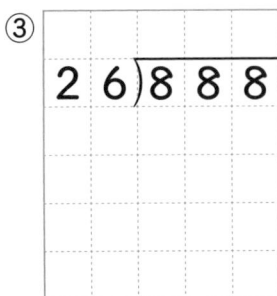

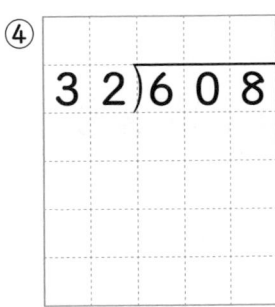

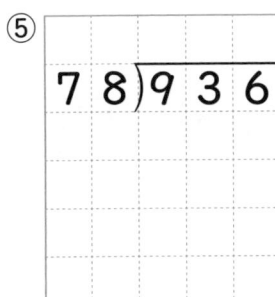

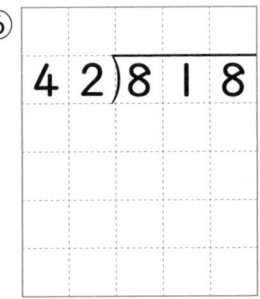

15 3けた ÷ 2けたの筆算③

今日のせいせき
まちがいが
0~2こ よくできたね!
3~5こ できたね
6こ~ がんばれ

商に0がたつわり算をするよ。
0に注意!!

1 489÷12の筆算のしかたを考えます。

			4	0
1	2)	4	8	9
		4	8	
				9
				0
				9

9÷12で,
0をたてる。

```
      4 0
1 2)4 8 9
    4 8
        9
```

このように
0の計算を
省《はぶ》いても
いいぞい。

2 筆算で計算をしましょう。

① 14)849

② 85)903

③ 37)759

④ 22)674

⑤ 43)873

⑥ 19)778

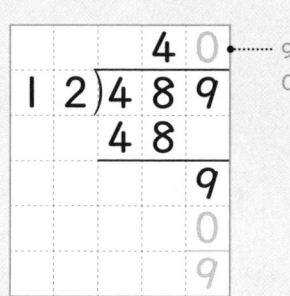

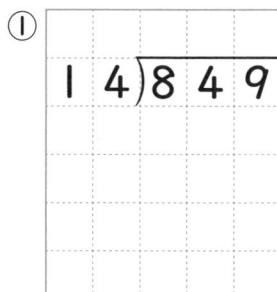

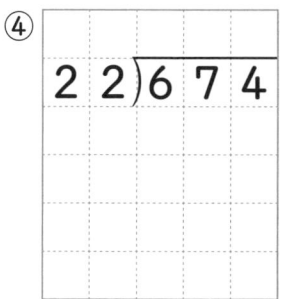

3 筆算で計算をしましょう。

① 24)976

② 31)944

③ 18)902

④ 41)841

⑤ 67)708

⑥ 13)922

うんこ文《ぶん》章《しょう》題《だい》にチャレンジ！ 7

うんこを高速でふりまわすおもちゃ「うんこスウィンガー」は，1回遊ぶのに，電池を92本も使います。

電池990本で，何回遊べて，電池は何本あまりますか。

筆算

式

答え ____________________

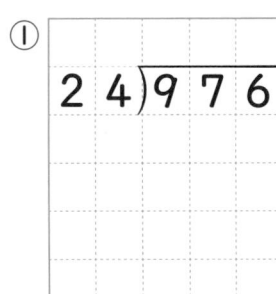

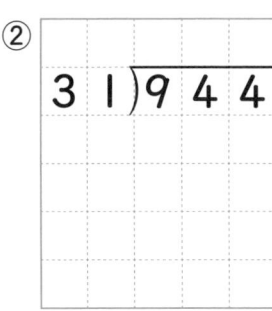

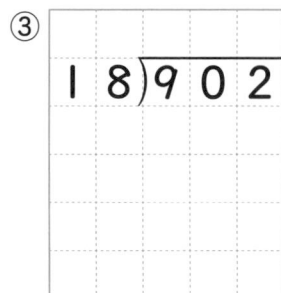

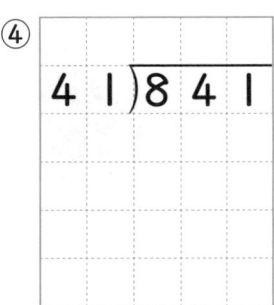

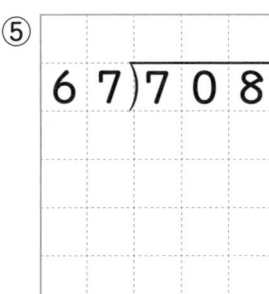

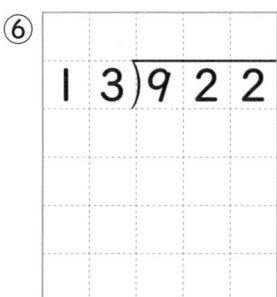

16

3けた ÷ 3けたの筆算

今日のせいせき
まちがいが
0~2こ よくできたね!
3~5こ できたね
6こ~ がんばれ

わる数が3けたになっても，筆算のしかたは
今までと同じだよ。

1 528÷193の筆算のしかたを考えます。

わる数の193は200に近いので，528÷200とみて商の見当をつけると 2 。

商のたつ位《くらい》を考える。

193)528（5の上に ×） → 193)528（2の上に ×） → 193)528（8の上に ■）

商は一の位にたつ。

見当をつけた商2を一の位にたてる。

```
       2
193)528
```

→ 193と2をかける。（2のだんの九九を使う。）

```
       2
193)528
      386
```

→ 528から386をひく。

```
       2
193)528
      386
      142
```

2 筆算で計算をしましょう。

① 386)772

② 129)988

③ 105)995

④ 196)693

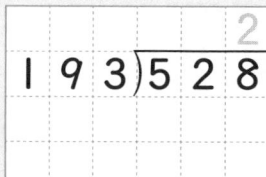

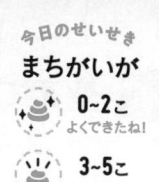

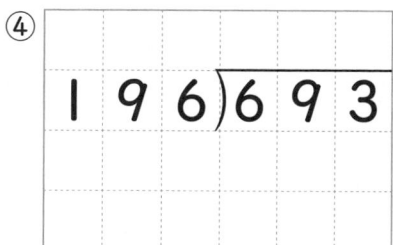

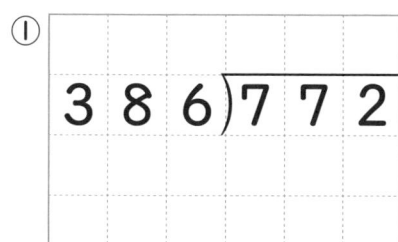

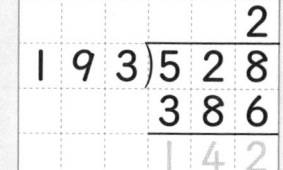

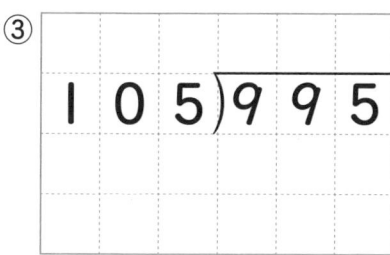

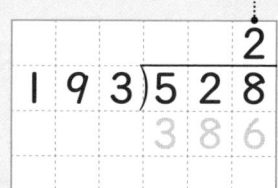

3 筆算で計算をしましょう。

① $257\overline{)892}$

② $132\overline{)892}$

③ $115\overline{)920}$

④ $207\overline{)851}$

テストに出るうんこ

難易度順《なんい》！

アクロバティックうんこ技《わざ》10

6
コーカサス・ディバイディング・バスター
全身《ぜんしん》にためたパワーを大地《だいち》に打《う》ち込《こ》みながら，うんこをする!!!!!!

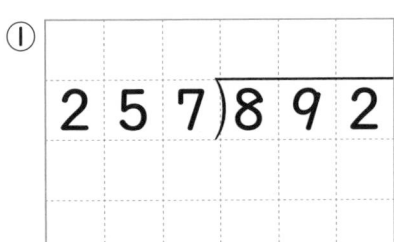

17 わり算の工《く》夫《ふう》

今日のせいせき
まちがいが
0~2こ よくできたね!
3~5こ できたね
6こ~ がんばれ

わり算では，「わられる数とわる数を同じ数でわって計算しても商は変《か》わらない。」これを使って計算するよ。

1 24000÷700を工夫して，筆算するしかたを考えます。

終わりに0のある数のわり算は，わる数とわられる数の0を，同じ数だけ消してから計算することができる。

```
        3 4
7 0̸ 0̸)2 4 0 0̸ 0̸
      2 1
        3 0
        2 8
          2 0 0
```

あまりを求《もと》めるときは，消した0の数だけあまりに0をつける。

わる数 × 商 + あまり ＝ わられる数

700×34+200=24000

わられる数になったら正しい。

2 工夫して，筆算で計算をしましょう。

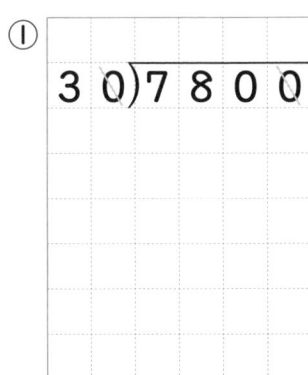

① $30\overline{)7800}$

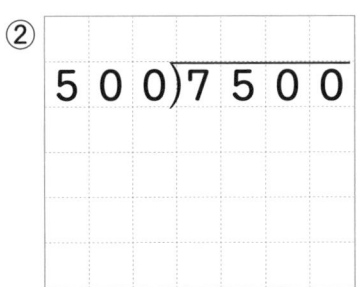

② $500\overline{)7500}$

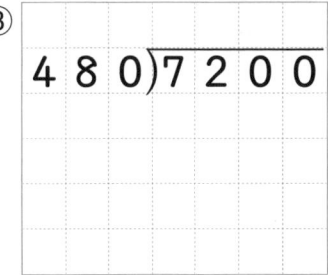

③ $480\overline{)7200}$

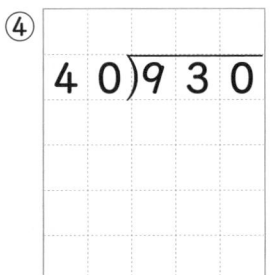

④ $40\overline{)930}$

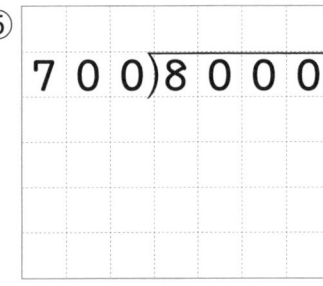

⑤ $700\overline{)8000}$

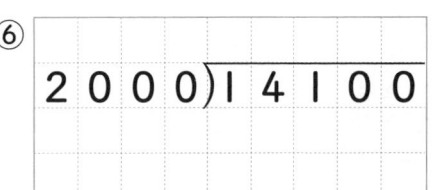

⑥ $2000\overline{)14100}$

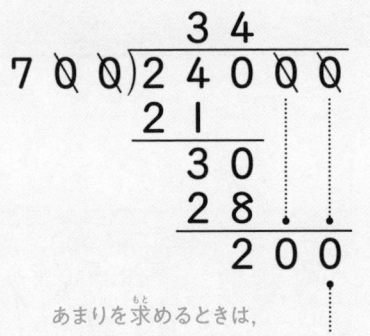

3 工夫《くふう》して，筆算で計算をしましょう。

① 60)720

② 700)9800

③ 300)8000

④ 720)3700

⑤ 230)6000

⑥ 4000)12500

テストに出るうんこ

難易度《なんい》順！

アクロバティックうんこ技《わざ》

10

7
妙《みょう》技《ぎ》・雪《せつ》慄《りつ》掌《しょう》
精神集中《せいしんしゅうちゅう》によって生《う》み出《だ》した凍気《とうき》を
手《て》のひらから放《はな》ち，
うんこをする!!!!!!

18 かくにんテスト 2

点

今日のせいせき
まちがいが
0~2こ よくできたね!
3~5こ できたね
6こ~ がんばれ

1 わり算をしましょう。

〈1つ5点〉

① 180÷20　② 490÷80

2 筆算で計算をしましょう。

〈1つ5点〉

① 15)60　② 27)83　③ 12)69

④ 21)168　⑤ 39)261　⑥ 24)237

⑦ 81)984　⑧ 47)681　⑨ 32)658

3 筆算で計算をしましょう。

〈1つ5点〉

① $198 \overline{)718}$

② $125 \overline{)756}$

4 工《く》夫《ふう》して，筆算で計算をしましょう。

〈1つ5点〉

① $70 \overline{)850}$

② $350 \overline{)6300}$

5 次のうんこ技《わざ》のうち，空中で体を高速回転させるのはどれですか。

〈25点〉

あ コーカサス・ディバイディング・バスター

い ジ・エンド・オブ・アース

う 妙《みょう》技《ぎ》・雪《せつ》慄《りつ》掌《しょう》

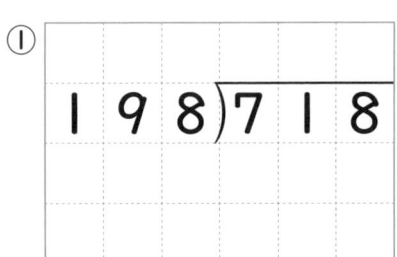

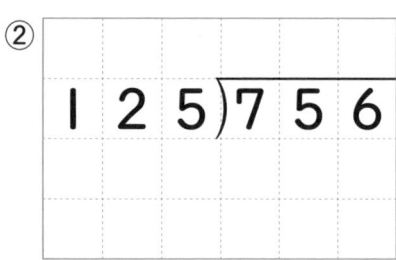

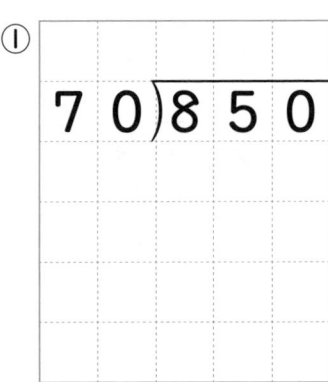

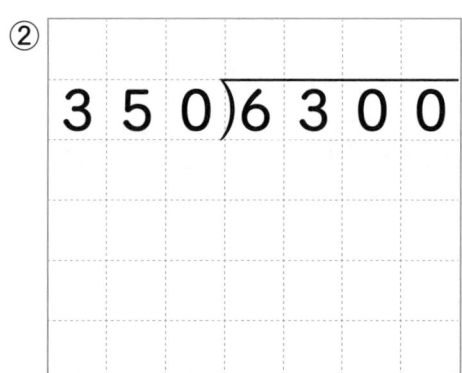

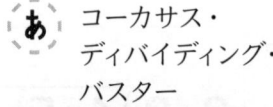

今日のせいせき
まちがいが
0~2こ よくできたね!
3~5こ できたね
6こ~ がんばれ

19 3けた×3けたの筆算

かける数が大きくなっても，筆算のしかたは今までと同じだよ。

1 354×127，354×107の筆算のしかたを考えます。

			3	5	4	
		×	1	2	7	
		2	4	7	8	…354×7の答え
		7	0	8		…354×20の答え
	3	5	4			…354×100の答え
	4	4	9	5	8	

			3	5	4	
		×	1	0	7	
		2	4	7	8	
		0	0	0		354×0は0だから，ここを省《はぶ》いて計算できる。
	3	5	4			
	3	7	8	7	8	

2 筆算で計算をしましょう。

①

		2	8	3
	×	3	2	6

②

		3	4	9
	×	8	3	5

③

		3	2	1
	×	5	0	8

④

		9	0	4
	×	3	0	7

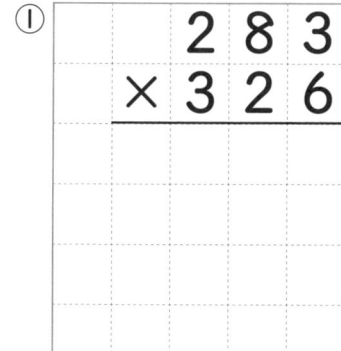

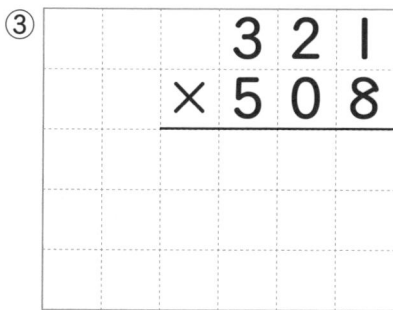

3 筆算で計算をしましょう。

① 426×752

② 627×105

テストに出るうんこ

難易《なんい》度順！

アクロバティックうんこ技《わざ》

10

20 大きい数のかけ算の工夫《くふう》

今日のせいせき
まちがいが
0~2こ よくできたね!
3~5こ できたね
6こ~ がんばれ

終わりに0のある数のかけ算を工夫して筆算するよ。

1 1800×240を工夫して筆算するしかたを考えます。

終わりに0のある数のかけ算は，0を省《はぶ》いて計算し，
その積《せき》の右に，省いた0の数だけ0をつける。

❶ 0を省いた数をたてにそろえて書く。

	1	8	0	0
×	2	4	0	

➡

❷ 18×24の計算をする。

	1	8	0	0
×	2	4	0	
	7	2		
3	6			
4	3	2		

➡

❸ 省いた0をつける。

	1	8	0	0	
×	2	4	0		
	7	2			
3	6				
4	3	2	0	0	0

0が3こ

2 工夫して，筆算で計算をしましょう。

① 2700×380

		2	7	0	0	
	×	3	8	0		

②

		4	3	0		
	×	7	6	0	0	

③

		8	4	0		
	×	9	5	0	0	

④

	9	2	0			
×		5	0	0	0	

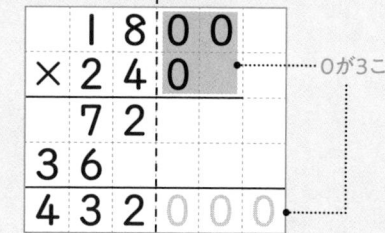

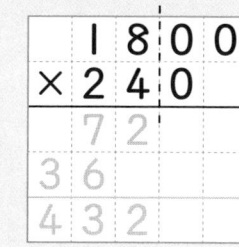

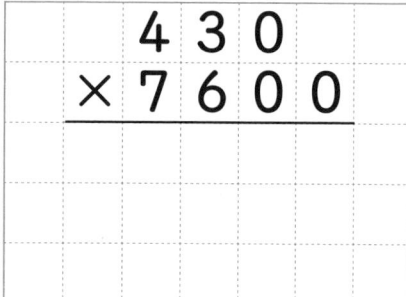

3 工《く》夫《ふう》して，筆算で計算をしましょう。

① 3500×900

② 3400×20

③ 180×4700

④ 610×2500

⑤ 720×3000

⑥ 280×6000

21 ( )のある式や，たし算・ひき算 かけ算・わり算がまじった式の計算

今日のせいせき
まちがいが
0~2こ よくできたね!
3~5こ できたね
6こ~ がんばれ

計算のじゅんじょは大切だよ。
まず，どこを先に計算するかを考えてから計算を始めよう。

1 70－(34＋16)の計算のじゅんじょを考えます。

( )のある式では，
( )の中をひとまとまりとみて，
先に計算する。

❶，❷の順《じゅん》に計算しよう。

70－(34＋16) ＝ 70－50 ❶
＝20 ❷

2 計算をしましょう。

① 200－(30＋20)

② (16＋4)×7

③ 19×(22－2)

④ (90－18)÷9

⑤ 330－(180－110)

⑥ 120÷(34－4)

⑦ (21＋9)×32

⑧ (135＋15)÷5

⑨ 23×(13＋7)

⑩ (24－14)×12

3 56－13×2の計算のじゅんじょを考えます。

かけ算やわり算は，たし算やひき算より先に計算する。

56－13×2＝56－26 ❶

＝30 ❷

4 計算をしましょう。

① 12＋8×7

② 60＋40÷5

③ 42－2×17

④ 88－84÷4

テストに出るうんこ

難易度《なんいど》順！

アクロバティックうんこ技《わざ》

10

9
エモーショナル！
ボマー
喜《き》、怒《ど》、哀《あい》、楽《らく》、全《すべ》ての感情《かんじょう》を一《ひと》つに融合《ゆうごう》させ、爆発《ばくはつ》を起《お》こし、うんこをする!!!!!!

22 計算のじゅんじょ

今日のせいせき	
まちがいが	
0~2こ	よくできたね!
3~5こ	できたね
6こ~	がんばれ

計算のじゅんじょを守って計算するよ。

1 6×7−5×3の計算のじゅんじょを考えます。

計算のじゅんじょ

- ふつうは，左から順《じゅん》に計算する。
- (　) のある式は，(　) の中を先に計算する。
- ×や÷は，＋や−より先に計算する。

❶❷❸の順に計算しよう。

6×7−5×3＝42−15 (❶ 6×7，❷ 5×3)

＝27 (❸)

2 計算をしましょう。

① 10−8÷4×3　② 11＋3×6÷9　③ 5×4−12÷6

④ 36÷6＋4×5　⑤ 1＋27÷3−2　⑥ 6＋2×8÷4

⑦ (3＋28÷4)÷5　⑧ 50−(40−8×4)　⑨ 3×(60−6×9)

( )の中でも，
わり算はたし算より
先に計算するぞい。

3 計算をしましょう。

① $12+2\times9\div3$　② $(40-32\div4)\div8$　③ $49\div7+3\times2$

④ $3\times12-2\times9$　⑤ $30\times(20-6\times3)$　⑥ $7\times(4+16)\div10$

⑦ $29-54\div6\times3$　⑧ $3\times9-6\div2$　⑨ $50\div(18-8)\times3$

⑩ $100\div(10+5\times8)$　⑪ $(3+24\div4)\times8$　⑫ $4+6\times7-6$

うんこ文《ぶん》章《しょう》題《だい》にチャレンジ！ 8

1こ3kgのうんこ9こと，1こ11kgのおもり8こを体重計にのせました。

合わせて何kgになりますか。

式

答え ＿＿＿＿＿＿＿＿

23 計算のきまりを使った計算

今日のせいせき
まちがいが
0~2こ よくできたね!
3~5こ できたね
6こ~ がんばれ

計算のきまりを使って工夫《くふう》して計算するよ。
計算のきまりを使いこなせば，計算がラクになるよ。

1 108×11，18×25×4を工夫して計算するしかたを考えます。

●108を100＋8と考えて，
（■＋●）×▲＝■×▲＋●×▲を使う。

108×11 ＝ (100＋［8］)×11
＝ 100×11＋8×11
＝ 1100＋88
＝ 1188

●25×4=100が使えるように，
（■×●）×▲＝■×（●×▲）を使う。

18×25×4 ＝ 18×(25×4)
＝ 18×［100］
＝ 1800

2 工夫して計算します。［　］に数を入れて，続《つづ》けて計算をしましょう。

① 98×7 ＝ (100－［　］)×7
＝ 100×7－［　］×7

…続けて計算しよう。

② 203×13 ＝ (200＋［　］)×13

③ 27×25×4 ＝ 27×(［　］×［　］)

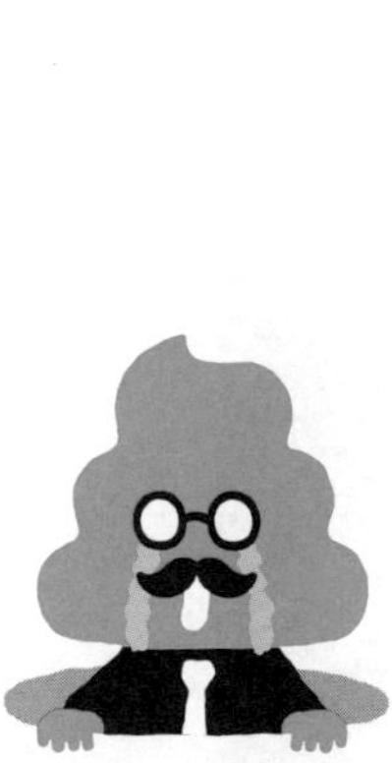

3 工夫《くふう》して計算をしましょう。

① 104×9

② 99×4

③ 25×18×4

④ 51＋38＋49

どこを先に計算すると
計算が楽になるかのう？

テストに出るうんこ

難易《なんい》度順！

アクロバティックうんこ技《わざ》

10

10

うんこ世界《ザ・ワールド・イズ・マイン》

天地万物《てんちばんぶつ》の生命《せいめい》エネルギーを体内《たいない》に吸収《きゅうしゅう》し，うんこをする!!!!!!

24 かくにんテスト 3

点

今日のせいせき
まちがいが
0~2こ よくできたね!
3~5こ できたね
6こ~ がんばれ

1 筆算で計算をしましょう。 〈1つ5点〉

① 365×132

② 503×826

③ 371×403

④ 807×309

2 工《く》夫《ふう》して，筆算で計算をしましょう。 〈1つ5点〉

① 2900×80

② 590×1700

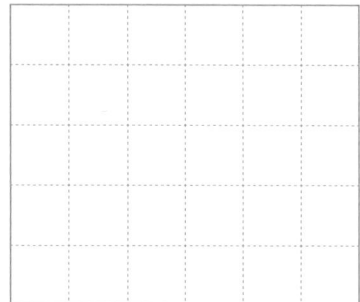

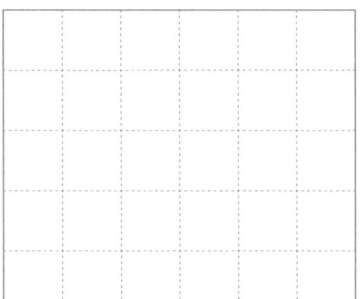

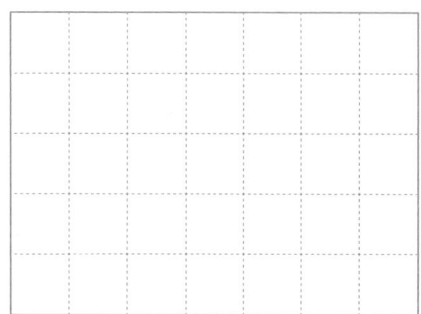

3 計算をしましょう。 〈1つ5点〉

① $8+12\div6$

② $7\times6-4\div2$

③ $6\times(5+4)\div9$

④ $120\div(13+17)$

⑤ $6\times(10-9\div3)$

⑥ $200-4\times25$

4 工夫《くふう》して計算をしましょう。 〈1つ5点〉

① 97×3

② $16\times25\times4$

5 次のうち，うんこ技《わざ》「セイント・ジョニー」はどれですか。 〈30点〉

あ

い

う

25 まとめテスト

4年生のわり算

点

今日のせいせき
まちがいが
0~2こ よくできたね!
3~5こ できたね
6こ~ がんばれ

1 筆算で計算をしましょう。 〈1つ5点〉

① 3)77

② 8)930

③ 4)435

④ 5)253

⑤ 24)96

⑥ 32)282

⑦ 62)795

⑧ 27)827

⑨ 276)830

2 工夫《くふう》して，筆算で計算をしましょう。

〈1つ5点〉

① 80)2800

② 600)7500

③ 3000)25100

3 計算をしましょう。

〈1つ5点〉

① 30－21÷3

② 55÷(5＋3×2)

4 次のうんこ技《わざ》の正しい名前をそれぞれ選《えら》んで，線で結びましょう。

〈全部できて30点〉

●　●　●

●　●　●

飛燕《ひえん》の太刀《たち》威那美刈《いなびかり》

ドラゴニック・パープルサンダー

うんこ世界《ザ・ワールド・イズ・マイン》

答え

1ページ

1

3年生で習った かけ算・わり算

今日のせいせき
まちがいが
0~2こ よくできたね!
3~5こ できたね
6こ~ がんばれ

3年生で習ったかけ算の筆算とわり算のふく習をしよう。

1 かけ算をしましょう。

① 0×9=0　② 10×8=80

③ 6×10=60　④ 0×10=0

⑤ 70×30=2100　⑥ 40×50=2000

2 筆算で計算をしましょう。

① 81×4

	8	1
×		4
3	2	4

② 37×7

	3	7
×		7
2	5	9

③ 276×5

	2	7	6
×			5
1	3	8	0

④ 62×39

		6	2
	×	3	9
	5	5	8
1	8	6	
2	4	1	8

⑤ 23×80

		2	3
	×	8	0
1	8	4	0

⑥ 427×49

		4	2	7
	×		4	9
	3	8	4	3
1	7	0	8	
2	0	9	2	3

⑦ 406×76

		4	0	6
	×		7	6
	2	4	3	6
2	8	4	2	
3	0	8	5	6

1

2ページ

3 わり算をしましょう。

① 72÷8=9　② 16÷2=8

③ 35÷7=5　④ 6÷1=6

⑤ 0÷3=0　⑥ 84÷4=21

⑦ 48÷5=9あまり3　⑧ 20÷6=3あまり2

テストに出るうんこ
難易《なんい》度順!
アクロバティックうんこ技《わざ》
10
1
ドン!
エル・パン・キャノン
全身《ぜんしん》で大砲《たいほう》を作《つく》り，うんこをする!!!!!!

3ページ

2

何十・何百のわり算

今日のせいせき
まちがいが
0~2こ よくできたね!
3~5こ できたね
6こ~ がんばれ

何十や何百のわり算は，10や100のまとまりで考えて計算しよう。

1 80÷2の計算のしかたを考えます。

10のまとまりで考える。

80は，10が{8}こだから，80÷2は，

10が{8÷2=4}(こ)。だから，80÷2={40}。

2 わり算をしましょう。

① 90÷3=30　② 60÷2=30

③ 40÷2=20　④ 80÷4=20

⑤ 120÷3=40　⑥ 150÷5=30

⑦ 160÷2=80　⑧ 200÷4=50

⑨ 600÷3=200　⑩ 800÷2=400

⑪ 2800÷7=400　⑫ 4000÷5=800

3

4ページ

3 わり算をしましょう。

① 400÷2=200　② 100÷5=20

③ 210÷3=70　④ 490÷7=70

⑤ 320÷4=80　⑥ 60÷3=20

⑦ 300÷6=50　⑧ 800÷4=200

⑨ 180÷3=60　⑩ 3000÷5=600

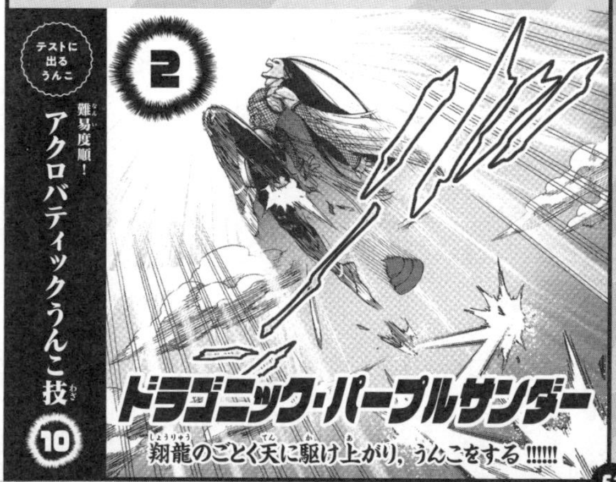
テストに出るうんこ
難易《なんい》度順!
アクロバティックうんこ技《わざ》
10
2
ドラゴニック・パープルサンダー
翔龍《しょうりゅう》のごとく天《てん》に駆《か》け上《あ》がり，うんこをする!!!!!!

答え

5ページ

3 2けた÷1けたの筆算①

今日のせいせき まちがいが
0~2こ よくできたね!
3~5こ できたね
6こ~ がんばれ

まずは，わり算の筆算のしかたを覚《おぼ》えよう。

1 51÷3の筆算のしかたを考えます。

十の位の計算

	1	
3)	5	1

❶ 5÷3=1あまり2 1を十の位にたてる。

➡

	1	
3)	5	1
	3	

❷ 3と1をかける。

➡

	1	
3)	5	1
	3	
	2	

❸ 5から3をひく。

➡

	1	
3)	5	1
	3	↓
	2	1

❹ 一の位の1をおろす。

一の位の計算

	1	7
3)	5	1
	3	
	2	1

❺ 21÷3=7 7を一の位にたてる。

➡

	1	7
3)	5	1
	3	
	2	1
	2	1

❻ 3と7をかける。

➡

	1	7
3)	5	1
	3	
	2	1
	2	1
		0

❼ 21から21をひく。

2 筆算で計算をしましょう。

①

	1	6
2)	3	2
	2	
	1	2
	1	2
		0

②

	1	4
5)	7	0
	5	
	2	0
	2	0
		0

③

	2	3
4)	9	2
	8	
	1	2
	1	2
		0

5

6ページ

3 筆算で計算をしましょう。

①

	1	3
6)	7	8
	6	
	1	8
	1	8
		0

②

	1	6
5)	8	0
	5	
	3	0
	3	0
		0

③

	2	6
3)	7	8
	6	
	1	8
	1	8
		0

④

	2	8
2)	5	6
	4	
	1	6
	1	6
		0

⑤

	1	9
4)	7	6
	4	
	3	6
	3	6
		0

⑥

	1	2
8)	9	6
	8	
	1	6
	1	6
		0

うんこ文章題にチャレンジ! 1

岩のようにかたいうんこが91こあります。空手家《からてか》7人に同じ数ずつけりこわしてもらいます。

1人何こずつけりこわせばよいですか。

筆算

	1	3
7)	9	1
	7	
	2	1
	2	1
		0

式 91÷7=13

答え 13こ

6

7ページ

4 2けた÷1けたの筆算②

今日のせいせき まちがいが
0~2こ よくできたね!
3~5こ できたね
6こ~ がんばれ

あまりがあるわり算をするよ。
あまりがわる数より小さくなっているか気をつけよう。

1 83÷4の筆算のしかたを考えます。

❶ 3÷4で0をたてる。

	2	0
4)	8	3
	8	
	·	3

8−8の0は書かない。

➡

	2	0
4)	8	3
	8	
		3
		0
		3

商

❷ 4と0をかける。

❸ 3から0をひく。

● あまりの3は，わる数の4より小さい。

● わる数 × 商 + あまり = わられる数

$4 \times 20 + 3 = 83$

わられる数になったら正しい。

答えのたしかめをするのじゃ。

2 筆算で計算をしましょう。

①

	1	7
5)	8	8
	5	
	3	8
	3	5
		3

②

	3	0
2)	6	1
	6	
		1
		0
		1

③

	1	5
6)	9	4
	6	
	3	4
	3	0
		4

④

	2	4
3)	7	4
	6	
	1	4
	1	2
		2

⑤

	1	6
4)	6	6
	4	
	2	6
	2	4
		2

⑥

	1	3
7)	9	4
	7	
	2	4
	2	1
		3

7

8ページ

3 筆算で計算をしましょう。

①

	1	4
4)	5	8
	4	
	1	8
	1	6
		2

②

	1	2
6)	7	5
	6	
	1	5
	1	2
		3

③

	3	5
2)	7	1
	6	
	1	1
	1	0
		1

④

	2	8
3)	8	5
	6	
	2	5
	2	4
		1

⑤

	1	0
6)	6	5
	6	
		5
		0
		5

⑥

	1	3
5)	6	9
	5	
	1	9
	1	5
		4

うんこ文章題にチャレンジ! 2

長さ35cmのうんこを2cmずつに切って「ミニうんこ」を作ります。

ミニうんこは何こできて，何cmあまりますか。

筆算

	1	7
2)	3	5
	2	
	1	5
	1	4
		1

式 35÷2=17 あまり 1

答え 17こできて，1cm あまる。

8

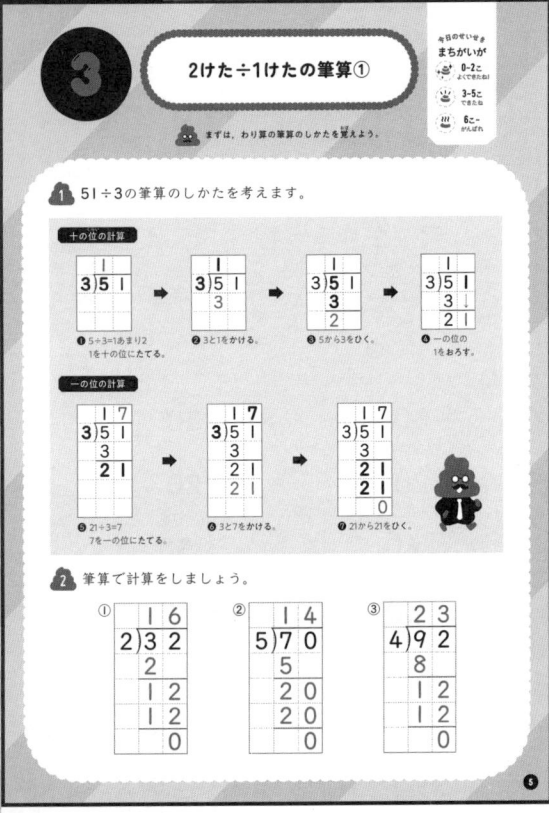

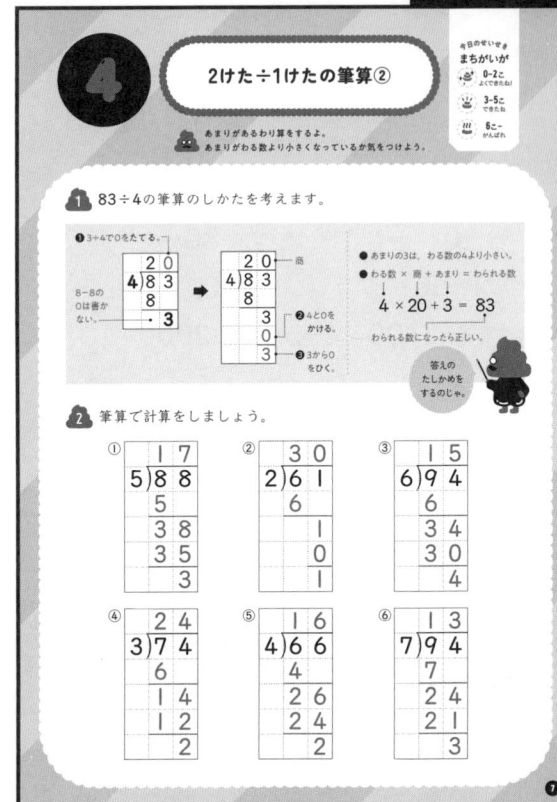

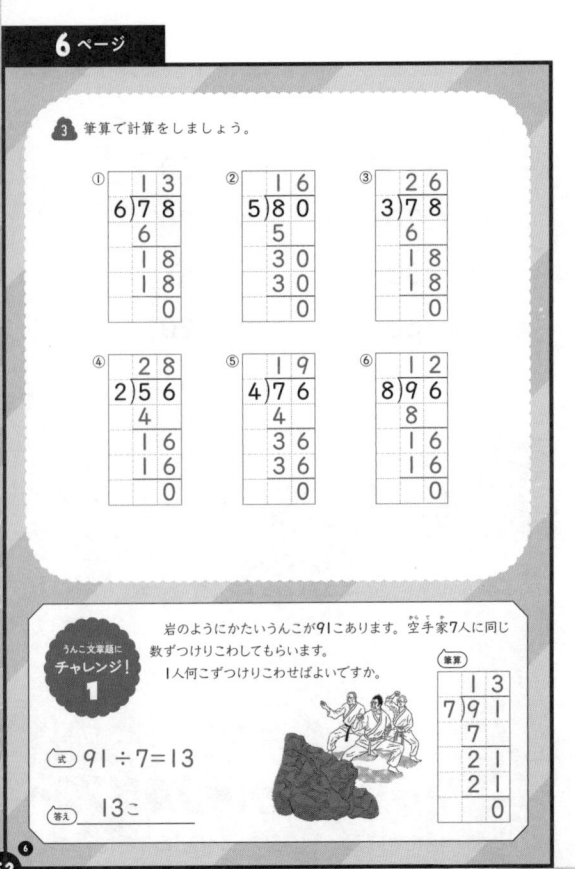

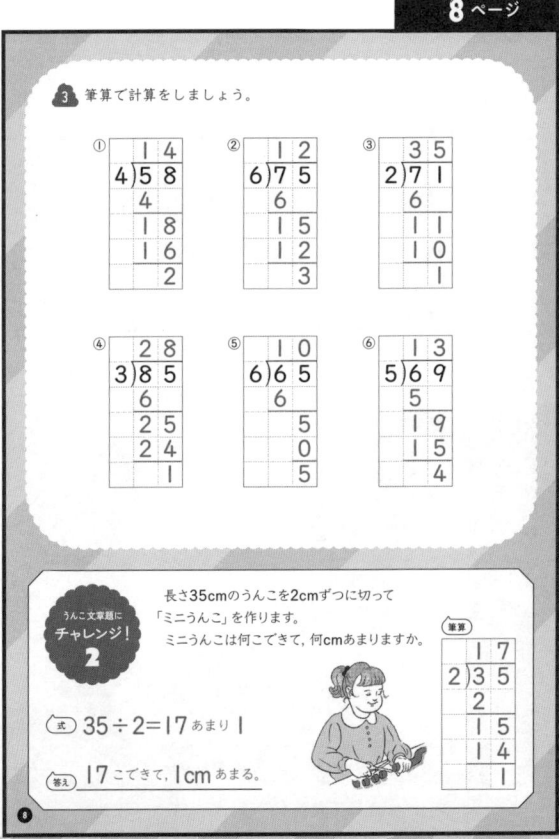

答え

9ページ

5　3けた÷1けたの筆算①

今日のせいせき　まちがいが
0-2こ よくできたね!
3-5こ できたね
6こ- がんばれ

わられる数が3けたになっても，
筆算のしかたは今までと同じだよ。

1 614÷4の筆算のしかたを考えます。

百の位の計算
6÷4= 1あまり2
1をたてる。

```
   1
4)614
  4
  2
```

→ 十の位の計算
21÷4= 5あまり1
5をたてる。

```
   15
4)614
  4
  21
  20
   1
```

→ 一の位の計算
14÷4= 3あまり2
3をたてる。

```
   153
4)614
  4
  21
  20
   14
   12
    2
```

2 筆算で計算をしましょう。

①
```
   158
5)793
  5
  29
  25
   43
   40
    3
```

②
```
   216
3)649
  6
   4
   3
   19
   18
    1
```

③
```
   124
7)873
  7
  17
  14
   33
   28
    5
```


11ページ

6　3けた÷1けたの筆算②

今日のせいせき　まちがいが
0-2こ よくできたね!
3-5こ できたね
6こ- がんばれ

商に0がたつわり算をするよ。
0を書くのをわすれないようにしよう。

1 817÷2の筆算のしかたを考えます。

1÷2で十の位に0をたてる。

```
   40
2)817
  8
   1
   0
   1
```

→ 17÷2で一の位に8をたてる。

```
   408
2)817
  8
   1
   0
   17
   16
    1
```

このように0の計算を省《はぶ》いてもいいぞい。

```
   408
2)817
  8
   17
   16
    1
```

2 筆算で計算をしましょう。

①
```
   130
6)784
  6
  18
  18
    4
    0
    4
```

②
```
   106
8)848
  8
   4
   0
   48
   48
    0
```

③
```
   204
3)613
  6
   1
   0
   13
   12
    1
```


10ページ

3 筆算で計算をしましょう。

①
```
   135
5)677
  5
  17
  15
   27
   25
    2
```

②
```
   317
3)952
  9
   5
   3
   22
   21
    1
```

③
```
   356
2)712
  6
  11
  10
   12
   12
    0
```

テストに出るうんこ
難《なん》易《い》度順！
アクロバティックうんこ技《わざ》
10

3
魔狼灼炎輪《まろうしゃくえんりん》
ふんばる力《ちから》で炎《ほのお》の輪《わ》を生《う》み出《だ》し，うんこをする!!!!!!

12ページ

3 筆算で計算をしましょう。

①
```
   150
5)753
  5
  25
  25
    3
    0
    3
```

②
```
   109
6)654
  6
   5
   0
   54
   54
    0
```

③
```
   204
4)817
  8
   1
   0
   17
   16
    1
```

④
```
   390
2)780
  6
  18
  18
    0
    0
    0
```

⑤
```
   108
3)326
  3
   2
   0
   26
   24
    2
```

⑥
```
   130
7)915
  7
  21
  21
    5
    0
    5
```

13ページ

7 3けた÷1けたの筆算③

今日のせいせき まちがいが
0-2こ よくできたね！
3-5こ できたね
6こ- がんばれ

商が2けたのわり算をするよ。
商がたつ位に気をつけよう。

1 345÷4の筆算のしかたを考えます。

百の位の計算

	×		
4)	3	4	5

3÷4で，百の位に商はたたない。

➡ 十の位の計算

		8	
4)	3	4	5
	3	2	
		2	

34÷4で，十の位に8をたてる。

➡ 一の位の計算

		8	6
4)	3	4	5
	3	2	
		2	5
		2	4
			1

25÷4で，一の位に6をたてる。

2 筆算で計算をしましょう。

①

		2	7
6)	1	6	4
	1	2	
		4	4
		4	2
			2

②

		7	8
2)	1	5	7
	1	4	
		1	7
		1	6
			1

③

		5	3
4)	2	1	5
	2	0	
		1	5
		1	2
			3

④

		4	2
3)	1	2	6
	1	2	
			6
			6
			0

⑤

		8	0
7)	5	6	6
	5	6	
			6
			0
			6

⑥

		7	4
5)	3	7	1
	3	5	
		2	1
		2	0
			1

15ページ

8 暗算

今日のせいせき まちがいが
0-2こ よくできたね！
3-5こ できたね
6こ- がんばれ

2けた÷1けたや，何百何十÷1けたの計算は
筆算でしなくても，暗算でできるようになろう。

1 56÷2の暗算のしかたを考えます。

56 ÷ 2
40　16

❶ わられる数を2でわりきれる何十と残りに分ける。

40 ÷ 2 = 20
16 ÷ 2 = 8

❷ 分けた数をそれぞれわり算する。

合わせて　28

❸ ❷の答えを合わせる。

2 暗算で計算をしましょう。

① 48÷4＝12　（40　8）

② 63÷3＝21　（60　3）

③ 78÷6＝13　（60　18）

④ 70÷5＝14　（50　20）

⑤ 480÷4＝120

⑥ 360÷3＝120

答えは，48÷4の答えに0を1つつけた数じゃな。

48　÷4＝12
480÷4＝120

⑦ 500÷2＝250

14ページ

3 筆算で計算をしましょう。

①

		5	3
2)	1	0	6
	1	0	
			6
			6
			0

②

		6	4
4)	2	5	8
	2	4	
		1	8
		1	6
			2

③

		7	5
9)	6	7	8
	6	3	
		4	8
		4	5
			3

④

		4	1
6)	2	5	0
	2	4	
		1	0
			6
			4

⑤

		3	6
8)	2	9	3
	2	4	
		5	3
		4	8
			5

⑥

		9	0
3)	2	7	0
	2	7	
			0
			0
			0

うんこ文章題にチャレンジ！ 3

うんこにはる用のシールが売っていたので，300円で買えるだけ買いました。シールは1まい7円でした。
何まい買えて，何円あまりましたか。

筆算

		4	2
7)	3	0	0
	2	8	
		2	0
		1	4
			6

式　300÷7＝42 あまり 6

答え　42 まい買えて，6円あまる。

16ページ

3 暗算で計算をしましょう。

① 42÷2＝21

② 60÷5＝12

③ 56÷4＝14

④ 420÷2＝210

⑤ 920÷4＝230

⑥ 750÷5＝150

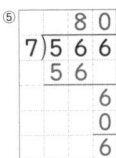

答え

17ページ

9 かくにんテスト 1

今日のせいせき まちがいが
0~2こ よくできたね！
3~5こ できたね
6こ~ がんばれ

点

1 わり算をしましょう。 （1つ4点）

① 180÷6＝30　② 320÷8＝40

③ 100÷2＝50　④ 2800÷4＝700

⑤ 5400÷9＝600　⑥ 2000÷5＝400

2 筆算で計算をしましょう。 （1つ4点）

①

	1	9
2)	3	9
	2	
	1	9
	1	8
		1

②

	1	6
6)	9	6
	6	
	3	6
	3	6
		0

③

	2	4
4)	9	8
	8	
	1	8
	1	6
		2

④

	1	5
5)	7	9
	5	
	2	9
	2	5
		4

⑤

	1	9
3)	5	7
	3	
	2	7
	2	7
		0

⑥

	1	2
7)	8	7
	7	
	1	7
	1	4
		3

17

19ページ

10 何十でわる計算

何十でわる計算は，10をもとにすると，今までのわり算で計算できるよ。

今日のせいせき まちがいが
0~2こ よくできたね！
3~5こ できたね
6こ~ がんばれ

1 60÷30の計算のしかたを考えます。

10をもとにして考える。

60は10が 6 こ，30は10が 3 こ。

6÷3＝ 2 だから，60÷30＝ 2 。

60÷30は，10をもとにすると，6÷3で求められるぞい。

2 わり算をしましょう。

① 80÷20＝4　② 120÷40＝3

③ 560÷70＝8　④ 360÷60＝6

⑤ 150÷50＝3　⑥ 200÷40＝5

⑦ 70÷20＝3 あまり 10

10をもとにすると，7÷2＝3あまり1
あまりの1は10が1このことじゃ。

⑧ 80÷30＝2 あまり 20　⑨ 340÷70＝4 あまり 60

⑩ 240÷50＝4 あまり 40　⑪ 600÷90＝6 あまり 60

19

18ページ

3 筆算で計算をしましょう。 （1つ4点）

①

	1	1	6
7)	8	1	2
	7		
	1	1	
		7	
		4	2
		4	2
			0

②

	1	2	0
8)	9	6	5
	8		
	1	6	
	1	6	
			5
			0
			5

③

	1	0	3
9)	9	3	4
	9		
		3	
		0	
		3	4
		2	7
			7

④

		3	9
4)	1	5	8
	1	2	
		3	8
		3	6
			2

⑤

		8	2
6)	4	9	2
	4	8	
		1	2
		1	2
			0

⑥

		5	4
3)	1	6	4
	1	5	
		1	4
		1	2
			2

4 暗算で計算をしましょう。 （1つ4点）

① 96÷4＝24　② 540÷3＝180

5 次のうんこ技《わざ》の名前は何ですか。 （20点）

あ ドラゴニック・パープルサンダー

い 魔《ま》狼《ろう》灼《しゃく》炎《えん》輪《りん》

(う) エル・パソ・キャノン

18

20ページ

3 わり算をしましょう。

① 270÷40＝6 あまり 30　② 450÷90＝5

③ 100÷20＝5　④ 400÷60＝6 あまり 40

⑤ 210÷30＝7　⑥ 500÷80＝6 あまり 20

⑦ 160÷40＝4　⑧ 360÷70＝5 あまり 10

⑨ 400÷50＝8　⑩ 550÷90＝6 あまり 10

テストに出るうんこ

難《なん》易《い》度順！アクロバティックうんこ技《わざ》 10

5
ジ・エンド・オブ・アース
空中《くうちゅう》で体《からだ》を高速《こうそく》回転《かいてん》させながら，うんこをする!!!!!!

答え

21ページ

11 2けた ÷ 2けたの筆算①

今日のせいせき まちがいが
0~2こ よくできたね!
3~5こ できたね
6こ~ がんばれ

2けたでわるわり算は，まず商の見当をつけよう。

1 96÷32の筆算のしかたを考えます。

わる数32は30に近いので，32を30とみて，96÷30から商の見当をつけると{3}。

3 / 32)96 → 見当をつけた商3を一の位にたてる。

3 / 32)96 / 96 → 32と3をかける。（3のだんの九九を使う。）

3 / 32)96 / 96 / 0 → 96から96をひく。

2 筆算で計算をしましょう。

① 3 / 13)39 / 39 / 0
② 3 / 23)69 / 69 / 0
③ 2 / 41)82 / 82 / 0
④ 4 / 21)87 / 84 / 3
⑤ 2 / 32)80 / 64 / 16
⑥ 2 / 43)95 / 86 / 9

④の答えのたしかめをするのじゃ。

わる数 × 商 + あまり = わられる数
21 × 4 + 3 = 87 ← わられる数になったら正しい。

22ページ

3 筆算で計算をしましょう。

① 3 / 33)99 / 99 / 0
② 3 / 22)70 / 66 / 4
③ 2 / 34)71 / 68 / 3
④ 3 / 12)39 / 36 / 3
⑤ 3 / 24)72 / 72 / 0
⑥ 2 / 42)84 / 84 / 0
⑦ 4 / 21)98 / 84 / 14
⑧ 4 / 12)48 / 48 / 0
⑨ 4 / 23)93 / 92 / 1

うんこ文章題にチャレンジ! 4

26ぴきのミヤマクワガタが，13このうんこに同じ数ずつ乗ります。
1このうんこに，何びきずつ乗りますか。

式 26÷13=2

筆算 2 / 13)26 / 26 / 0

答え 2ひき

23ページ

12 2けた ÷ 2けたの筆算②

今日のせいせき まちがいが
0~2こ よくできたね!
3~5こ できたね
6こ~ がんばれ

見当をつけた商が大きすぎたら1ずつ小さく，小さすぎたら1ずつ大きくしていくよ。

1 79÷13の筆算のしかたを考えます。

わる数13は10に近いので，13を10とみて，79÷10から商の見当をつけると7。

7 / 13)79 / 91（ひけない） 商を{1小さくする}。 6 / 13)79 / 78 / 1

2 筆算で計算をしましょう。

① 5 / 12)62 / 60 / 2
② 6 / 14)89 / 84 / 5
③ 2 / 27)57 / 54 / 3
④ 3 / 28)86 / 84 / 2
⑤ 3 / 16)48 / 48 / 0
⑥ 2 / 38)79 / 76 / 3

③は57÷30から商の見当をつけると1。
商が小さすぎたときは，1大きくするのじゃ。

24ページ

3 筆算で計算をしましょう。

① 2 / 46)98 / 92 / 6
② 7 / 12)95 / 84 / 11
③ 4 / 19)78 / 76 / 2
④ 5 / 14)71 / 70 / 1
⑤ 2 / 39)79 / 78 / 1
⑥ 4 / 14)58 / 56 / 2
⑦ 2 / 36)74 / 72 / 2
⑧ 4 / 17)68 / 68 / 0
⑨ 2 / 29)58 / 58 / 0

うんこ文章題にチャレンジ! 5

学校の上に飛行機《ひこうき》がとんできて，うんこを58こ落としました。18人の先生が同じ数ずつキャッチして，残《のこ》りは校庭に落ちました。
1人の先生がキャッチしたうんこの数は何こで，校庭に落ちたのは何こですか。

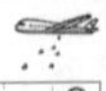

筆算 3 / 18)58 / 54 / 4

式 58÷18=3あまり4

答え 3こずつキャッチして，4こ落ちた。

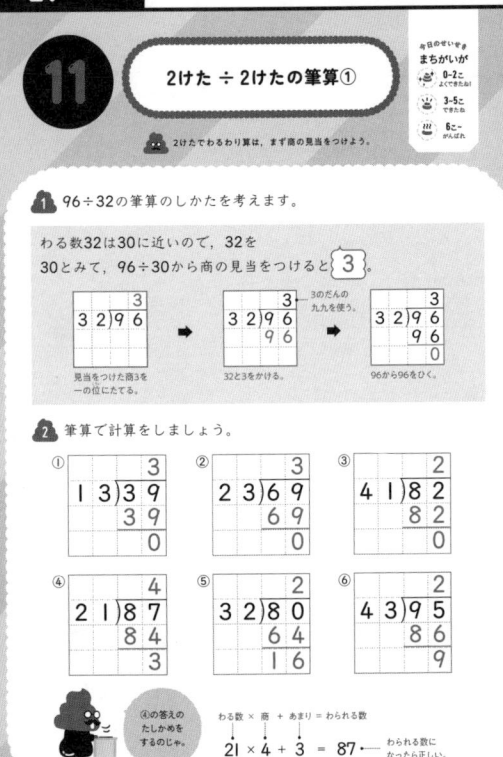

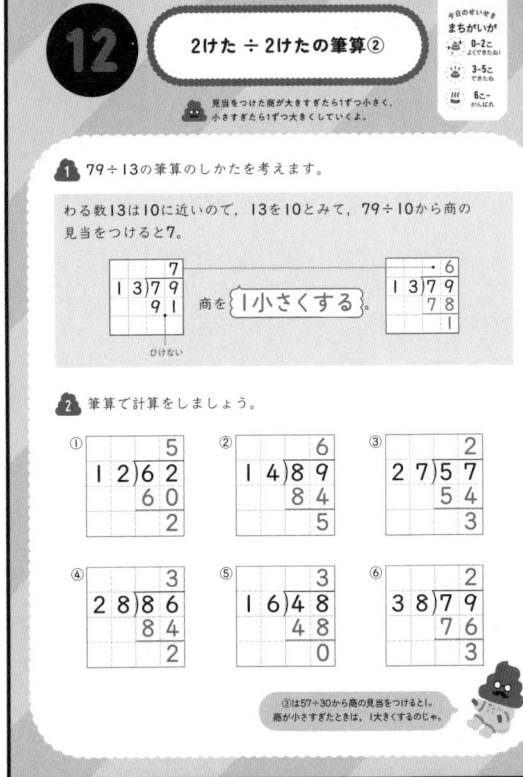

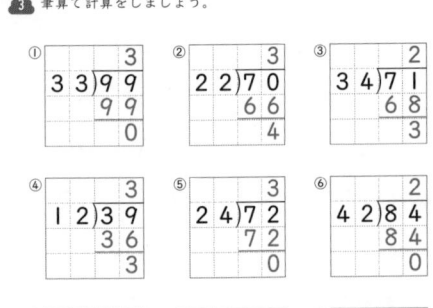

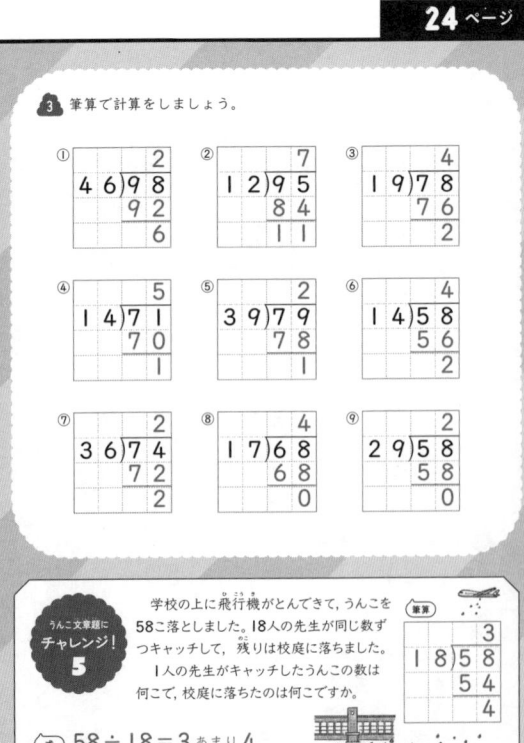

答え

25ページ

13 3けた ÷ 2けたの筆算①

今日のせいせき まちがいが
0–2こ よくできたね!
3–5こ できたね
6こ– がんばれ

わられる数が3けたになっても，筆算のしかたは今までと同じだよ。

1 198÷37の筆算のしかたを考えます。

わる数37は40に近いので，198÷40から商の見当をつけると4。

商のたつ位《くらい》を考える。

37)198 ➡ 37)198 ➡ 37)198

商は一の位にたつ。

見当をつけた商を一の位にたてる。

4
37)198
148
50

あまりがわる数より大きいので，まだひける。

商を1大きくする。

5
37)198
185
13

2 筆算で計算をしましょう。

① 9
15)135
135
0

② 7
27)204
189
15

③ 4
38)154
152
2

④ 8
46)376
368
8

⑤ 5
31)162
155
7

⑥ 6
18)113
108
5

25

26ページ

3 筆算で計算をしましょう。

① 6
28)171
168
3

② 8
41)330
328
2

③ 7
19)151
133
18

④ 3
43)167
129
38

⑤ 5
39)195
195
0

⑥ 8
13)115
104
11

⑦ 9
47)423
423
0

⑧ 8
24)202
192
10

⑨ 7
33)259
231
28

26

27ページ

14 3けた ÷ 2けたの筆算②

今日のせいせき まちがいが
0–2こ よくできたね!
3–5こ できたね
6こ– がんばれ

商が2けたになるわり算をするよ。商のたつ位《くらい》に気をつけよう。

1 435÷18の筆算のしかたを考えます。

商のたつ位を考える。 18)435 ➡ 18)435 商は十の位にたつ。

43÷18で十の位に商2をたてる。

2
18)435
36
7

➡ 5をおろす。

2
18)435
36
75

➡ 75÷18で一の位に商4をたてる。

24
18)435
36
75
72
3

2 筆算で計算をしましょう。

① 13
18)234
18
54
54
0

② 35
21)746
63
116
105
11

③ 13
58)794
58
214
174
40

④ 12
46)561
46
101
92
9

⑤ 27
28)771
56
211
196
15

⑥ 26
37)964
74
224
222
2

27

28ページ

3 筆算で計算をしましょう。

① 14
63)937
63
307
252
55

② 11
51)568
51
58
51
7

③ 34
26)888
78
108
104
4

④ 19
32)608
32
288
288
0

⑤ 12
78)936
78
156
156
0

⑥ 19
42)818
42
398
378
20

うんこ文章題にチャレンジ! 6

うんこをぺらぺらにうすくのばしたものを420まい作りました。

13まいずつまとめて束《たば》にすると，何束できて，何まいあまりますか。

式 420÷13＝32 あまり 4

答え 32 束できて，4 まいあまる。

筆算

32
13)420
39
30
26
4

28

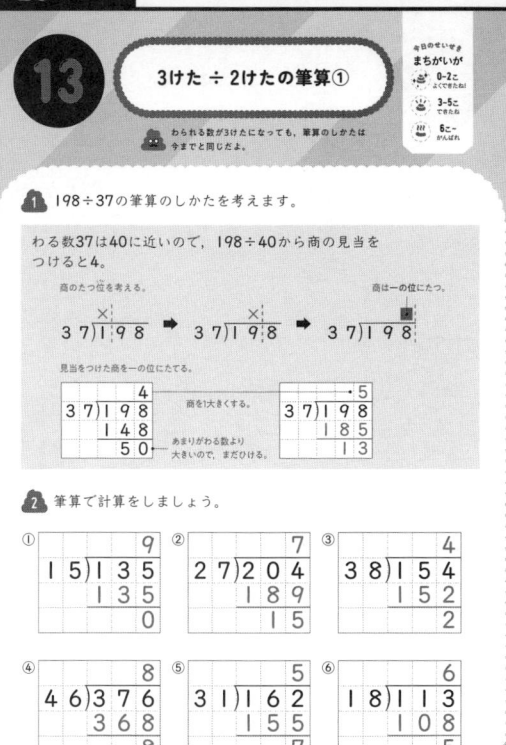

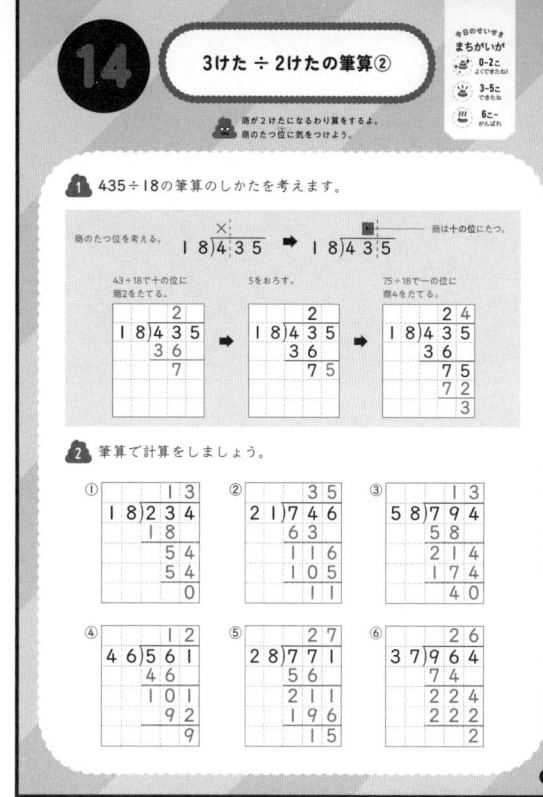

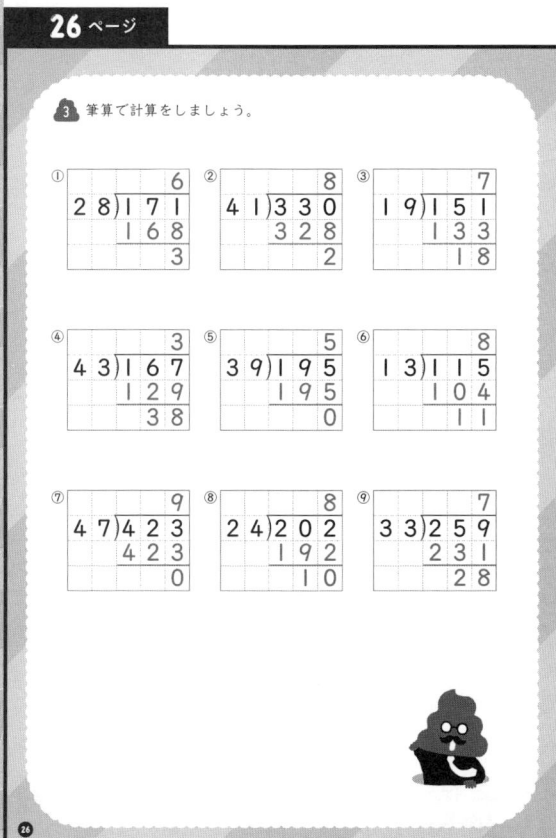

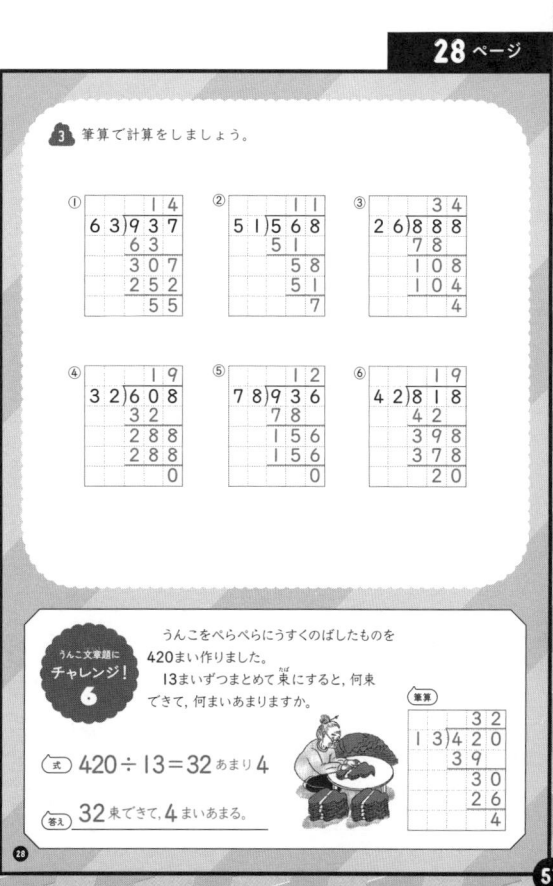

答え

29ページ

15 3けた ÷ 2けたの筆算③

今日のせいせき まちがいが
0–2こ よくできたね！
3–5こ できたね
6こ– がんばれ

商に0がたつわり算をするよ。0に注意!!

1 489÷12の筆算のしかたを考えます。

```
   40   ← 9÷12で、0をたてる。
12)489
   48
     9
     0
     9
```

```
   40
12)489
   48
     9
```

このように0の計算を省《はぶ》いてもいいぞい。

2 筆算で計算をしましょう。

①
```
   60
14)849
   84
     9
     0
     9
```

②
```
   10
85)903
   85
    53
     0
    53
```

③
```
   20
37)759
   74
    19
     0
    19
```

④
```
   30
22)674
   66
    14
     0
    14
```

⑤
```
   20
43)873
   86
    13
     0
    13
```

⑥
```
   40
19)778
   76
    18
     0
    18
```

29

31ページ

16 3けた ÷ 3けたの筆算

今日のせいせき まちがいが
0–2こ よくできたね！
3–5こ できたね
6こ– がんばれ

わる数が3けたになっても、筆算のしかたは今までと同じだよ。

1 528÷193の筆算のしかたを考えます。

わる数の193は200に近いので、528÷200とみて商の見当をつけると 2 。

商のたつ位を考える。 → 商は一の位にたつ。

```
     ×              ×                ■
193)5 28  →  193)52 8  →  193)528
```

見当をつけた商2を一の位にたてる。 → 193と2をかける。（2のだんの九九を使う。） → 528から386をひく。

```
      2             2             2
193)528  →  193)528  →  193)528
                386           386
                              142
```

2 筆算で計算をしましょう。

①
```
      2
386)772
    772
      0
```

②
```
      7
129)988
    903
     85
```

③
```
      9
105)995
    945
     50
```

④
```
      3
196)693
    588
    105
```

31

30ページ

3 筆算で計算をしましょう。

①
```
   40
24)976
   96
    16
     0
    16
```

②
```
   30
31)944
   93
    14
     0
    14
```

③
```
   50
18)902
   90
     2
     0
     2
```

④
```
   20
41)841
   82
    21
     0
    21
```

⑤
```
   10
67)708
   67
    38
     0
    38
```

⑥
```
   70
13)922
   91
    12
     0
    12
```

うんこ文章題にチャレンジ！ 7

うんこを高速でふりまわすおもちゃ「うんこスウィンガー」は、1回遊ぶのに、電池を92本も使います。

電池990本で、何回遊べて、電池は何本あまりますか。

筆算

```
   10
92)990
   92
    70
     0
    70
```

式 990÷92＝10あまり70

答え 10回遊べて、70本あまる。

30

32ページ

3 筆算で計算をしましょう。

①
```
      3
257)892
    771
    121
```

②
```
      6
132)892
    792
    100
```

③
```
      8
115)920
    920
      0
```

④
```
      4
207)851
    828
     23
```

テストに出るうんこ

難易《なんい》度順！ アクロバティックうんこ技《わざ》 10

6
コーカサス・ディバイディング・バスター
全身《ぜんしん》にためたパワーを大地《だいち》に打《う》ち込《こ》みながら、うんこをする!!!!!!

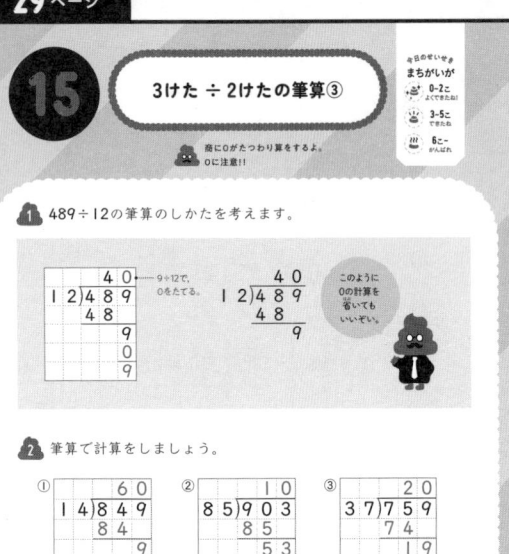

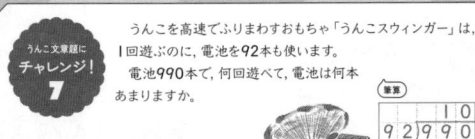

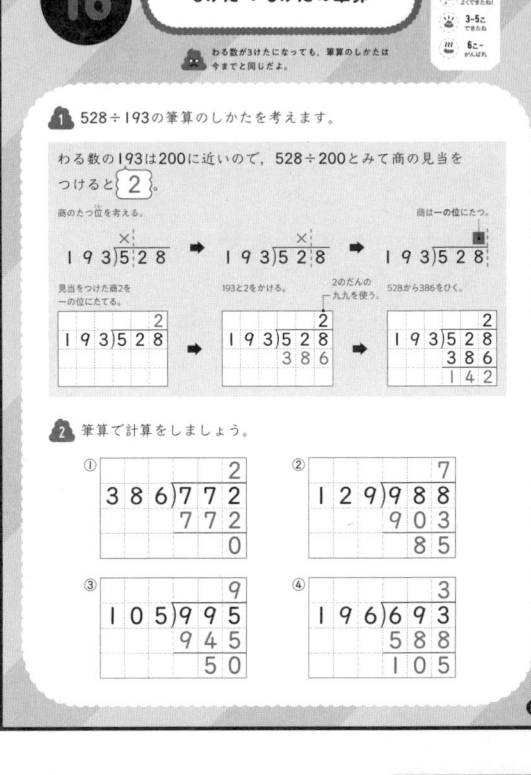

答え

33ページ

17 わり算の工夫《くふう》

今日のせいせき まちがいが 0-2こ よくできたね! 3-5こ できたね 6こ- がんばれ

わり算では，「わられる数とわる数を同じ数でわって計算しても商は変わらない。」これを使って計算するよ。

1 24000÷700を工夫して，筆算するしかたを考えます。

終わりに0のある数のわり算は，わる数とわられる数の0を，同じ数だけ消してから計算することができる。

```
       3 4
7 0 0)2 4 0 0 0
      2 1
        3 0
        2 8
          2 0 0
```

あまりを求《もと》めるときは，消した0の数だけあまりに0をつける。

わる数 × 商 + あまり = わられる数

700×34+200=24000

わられる数になったら正しい。

答えのたしかめをするのじゃ。

2 工夫して，筆算で計算をしましょう。

```
① 30)7800      ② 500)7500     ③ 480)7200
     260             15              15
     6               5               48
     18              25              240
     18              25              240
      0               0                0
      0
      0

④ 40)930       ⑤ 700)8000     ⑥ 2000)14100
     23              11               7
     8               7               140
     13              10               100
     12               7
     10             300
```

33

35ページ

18 かくにんテスト 2

今日のせいせき まちがいが 0-2こ よくできたね! 3-5こ できたね 6こ- がんばれ

点

1 わり算をしましょう。（1つ5点）

① 180÷20=9　　② 490÷80=6あまり10

2 筆算で計算をしましょう。（1つ5点）

```
① 15)60    ② 27)83    ③ 12)69
     4          3          5
    60         81         60
     0          2          9

④ 21)168   ⑤ 39)261   ⑥ 24)237
     8          6          9
    168        234        216
     0          27         21

⑦ 81)984   ⑧ 47)681   ⑨ 32)658
    12         14         20
    81         47         64
    174        211        18
    162        188         0
    12          23        18
```

35

34ページ

3 工夫《くふう》して，筆算で計算をしましょう。

```
① 60)720       ② 700)9800     ③ 300)8000
     12              14              26
     6               7               6
     12              28              20
     12              28              18
      0               0             200

④ 720)3700     ⑤ 230)6000     ⑥ 4000)12500
      5              26               3
     360             46              120
     100             140             500
                     138
                      20
```

7
妙《みょう》技《ぎ》・雪《せつ》慄《りつ》掌《しょう》
精神集中《せいしんしゅうちゅう》によって生《う》み出《だ》した凍気《とうき》を手《て》のひらから放《はな》ち，うんこをする!!!!!!

テストに出るうんこ

難易《なんい》度順！アクロバティックうんこ技《わざ》 10

36ページ

3 筆算で計算をしましょう。（1つ5点）

```
① 198)718      ② 125)756
      3               6
     594             750
     124               6
```

4 工夫《くふう》して，筆算で計算をしましょう。（1つ5点）

```
① 70)850       ② 350)6300
     12              18
     7               35
     15              280
     14              280
     10                0
```

5 次のうんこ技《わざ》のうち，空中で体を高速回転させるのはどれですか。（25点）

あ コーカサス・ディバイディング・バスター

い ジ・エンド・オブ・アース

う 妙《みょう》技《ぎ》・雪《せつ》慄《りつ》掌《しょう》

36

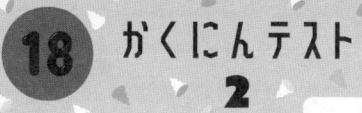

答え

37ページ

19 3けた×3けたの筆算

今日のせいせき まちがいが
0-2こ よくできたね!
3-5こ できたね
6こ- がんばれ

かける数が大きくなっても、筆算のしかたは今までと同じだよ。

1 354×127，354×107の筆算のしかたを考えます。

```
   354
 × 127
  2478   … 354×7の答え
  708    … 354×20の答え
 354     … 354×100の答え
 44958
```

```
   354
 × 107
  2478
  000    ← 354×0は0だから，ここを省《はぶ》いて計算できる。
 354
 37878
```

2 筆算で計算をしましょう。

①

		2	8	3
	×	3	2	6
	1	6	9	8
	5	6	6	
8	4	9		
9	2	2	5	8

②

			3	4	9
		×	8	3	5
		1	7	4	5
	1	0	4	7	
2	7	9	2		
2	9	1	4	1	5

③

			3	2	1
		×	5	0	8
		2	5	6	8
1	6	0	5		
1	6	3	0	6	8

④

			9	0	4
		×	3	0	7
		6	3	2	8
2	7	1	2		
2	7	7	5	2	8

39ページ

20 大きい数のかけ算の工夫《くふう》

今日のせいせき まちがいが
0-2こ よくできたね!
3-5こ できたね
6こ- がんばれ

終わりに0のある数のかけ算を工夫して筆算するよ。

1 1800×240を工夫して筆算するしかたを考えます。

終わりに0のある数のかけ算は，0を省《はぶ》いて計算し，
その積《せき》の右に，省いた0の数だけ0をつける。

❶ 0を省いた数をたてにそろえて書く。

	1	8	0	0
×	2	4	0	

➡ ❷ 18×24の計算をする。

	1	8	0	0
×	2	4	0	
	7	2		
3	6			
4	3	2		

➡ ❸ 省いた0をつける。

	1	8	0	0	
×	2	4	0		
	7	2			
3	6				
4	3	2	0	0	0

0が3こ

2 工夫して，筆算で計算をしましょう。

① 2700×380

		2	7	0	0	
	×	3	8	0		
	2	1	6			
8	1					
1	0	2	6	0	0	0

②

		4	3	0		
	×	7	6	0	0	
	2	5	8			
3	0	1				
3	2	6	8	0	0	0

③

		8	4	0		
	×	9	5	0	0	
	4	2	0			
7	5	6				
7	9	8	0	0	0	0

④

	9	2	0			
×		5	0	0	0	
4	6	0	0	0	0	0

38ページ

3 筆算で計算をしましょう。

① 426×752

			4	2	6
		×	7	5	2
			8	5	2
	2	1	3	0	
2	9	8	2		
3	2	0	3	5	2

② 627×105

		6	2	7
	×	1	0	5
	3	1	3	5
6	2	7		
6	5	8	3	5

テストに出るうんこ

難易《なんい》度順!

アクロバティックうんこ技《わざ》

⑩

8
セイント・ジョニー
雲《くも》の上《うえ》から猛《もう》スピードで落下《らっか》し，
聖《せい》なる力《ちから》をまといながら，うんこをする!!!!!!

40ページ

3 工夫《くふう》して，筆算で計算をしましょう。

① 3500×900

	3	5	0	0		
×		9	0	0		
3	1	5	0	0	0	0

② 3400×20

	3	4	0	0	
×		2	0		
	6	8	0	0	0

③ 180×4700

	1	8	0		
×	4	7	0	0	
1	2	6			
7	2				
8	4	6	0	0	0

④ 610×2500

		6	1	0		
	×	2	5	0	0	
	3	0	5			
1	2	2				
1	5	2	5	0	0	0

⑤ 720×3000

	7	2	0			
×		3	0	0	0	
2	1	6	0	0	0	0

⑥ 280×6000

	2	8	0			
×		6	0	0	0	
1	6	8	0	0	0	0

答え

41ページ

21 ( )のある式や，たし算・ひき算 かけ算・わり算がまじった式の計算

今日のせいせき まちがいが
0-2こ よくできたね!
3-5こ できたね
6こ- がんばれ

計算のじゅんじょは大切だよ。
まず，どこを先に計算するかを考えてから計算を始めよう。

1 70－(34＋16)の計算のじゅんじょを考えます。

( )のある式では，
( )の中をひとまとまりとみて，
先に計算する。

❶，❷の順に計算しよう。

70－(34＋16) ＝ 70－50 ❶
＝20 ❷

2 計算をしましょう。

① 200－(30＋20)
＝200－50
＝150

② (16＋4)×7
＝20×7
＝140

③ 19×(22－2)
＝19×20
＝380

④ (90－18)÷9
＝72÷9
＝8

⑤ 330－(180－110)
＝330－70
＝260

⑥ 120÷(34－4)
＝120÷30
＝4

⑦ (21＋9)×32
＝30×32
＝960

⑧ (135＋15)÷5
＝150÷5
＝30

⑨ 23×(13＋7)
＝23×20
＝460

⑩ (24－14)×12
＝10×12
＝120

41

42ページ

3 56－13×2の計算のじゅんじょを考えます。

かけ算やわり算は，
たし算やひき算より
先に計算する。

56－13×2＝56－26 ❶
＝30 ❷

4 計算をしましょう。

① 12＋8×7
＝12＋56
＝68

② 60＋40÷5
＝60＋8
＝68

③ 42－2×17
＝42－34
＝8

④ 88－84÷4
＝88－21
＝67

テストに出るうんこ
難易度順《なんいどじゅん》！
アクロバティックうんこ技《わざ》 10

9
エモーショナル・ボマー
喜《き》、怒《ど》、哀《あい》、楽《らく》、全《すべ》ての感情《かんじょう》を一《ひと》つに
融合《ゆうごう》させ、爆発《ばくはつ》を起《お》こし、うんこをする!!!!!!

43ページ

22 計算のじゅんじょ

今日のせいせき まちがいが
0-2こ よくできたね!
3-5こ できたね
6こ- がんばれ

計算のじゅんじょを守って計算するよ。

1 6×7－5×3の計算のじゅんじょを考えます。

計算のじゅんじょ

- ふつうは，左から順に計算する。
- ( )のある式は，( )の中を先に計算する。
- ×や÷は，＋や－より先に計算する。

❶❷❸の順に計算しよう。

6×7－5×3＝42 ❶－15 ❷
＝27 ❸

2 計算をしましょう。

① 10－8÷4×3
＝10－2×3
＝10－6
＝4

② 11＋3×6÷9
＝11＋18÷9
＝11＋2
＝13

③ 5×4－12÷6
＝20－2
＝18

④ 36÷6＋4×5
＝6＋20
＝26

⑤ 1＋27÷3－2
＝1＋9－2
＝8

⑥ 6＋2×8÷4
＝6＋16÷4
＝6＋4
＝10

⑦ (3＋28÷4)÷5
＝(3＋7)÷5
＝10÷5
＝2

⑧ 50－(40－8×4)
＝50－(40－32)
＝50－8
＝42

⑨ 3×(60－6×9)
＝3×(60－54)
＝3×6
＝18

( )の中でも，わり算はたし算より先に計算するぞい。

43

44ページ

3 計算をしましょう。

① 12＋2×9÷3
＝12＋18÷3
＝12＋6
＝18

② (40－32÷4)÷8
＝(40－8)÷8
＝32÷8
＝4

③ 49÷7＋3×2
＝7＋6
＝13

④ 3×12－2×9
＝36－18
＝18

⑤ 30×(20－6×3)
＝30×(20－18)
＝30×2
＝60

⑥ 7×(4＋16)÷10
＝7×20÷10
＝140÷10
＝14

⑦ 29－54÷6×3
＝29－9×3
＝29－27
＝2

⑧ 3×9－6÷2
＝27－3
＝24

⑨ 50÷(18－8)×3
＝50÷10×3
＝5×3
＝15

⑩ 100÷(10＋5×8)
＝100÷(10＋40)
＝100÷50
＝2

⑪ (3＋24÷4)×8
＝(3＋6)×8
＝9×8
＝72

⑫ 4＋6×7－6
＝4＋42－6
＝40

うんこ文章題にチャレンジ！ 8

1こ3kgのうんこ9こと，1こ11kgのおもり8こを体重計にのせました。
合わせて何kgになりますか。

式 3×9＋11×8
＝27＋88
＝115

答え 115kg

44

23 計算のきまりを使った計算

計算のきまりを使って工夫して計算するよ。
計算のきまりを使いこなせば、計算がラクになるよ。

1 108×11, 18×25×4を工夫して計算するしかたを考えます。

●108を100＋8と考えて、
(■＋▲)×●＝■×●＋▲×●を使う。

$$108×11 = (100+\boxed{8})×11$$
$$= 100×11+8×11$$
$$= 1100+88$$
$$= 1188$$

●25×4＝100が使えるように、
(■×▲)×●＝■×(▲×●)を使う。

$$18×25×4 = 18×(25×4)$$
$$= 18×\boxed{100}$$
$$= 1800$$

2 工夫して計算します。□に数を入れて、続けて計算をしましょう。

① $98×7 = (100-\boxed{2})×7$
　　　$= 100×7-\boxed{2}×7$
　　　$= 700-14$ …続けて計算しよう。
　　　$= 686$

② $203×13 = (200+\boxed{3})×13$
　　　$= 200×13+3×13$
　　　$= 2600+39$
　　　$= 2639$

③ $27×25×4 = 27×(\boxed{25}×\boxed{4})$
　　　$= 27×100$
　　　$= 2700$

45

3 工夫して計算をしましょう。

① $104×9=(100+4)×9$
　　$=100×9+4×9$
　　$=900+36$
　　$=936$

② $99×4=(100-1)×4$
　　$=100×4-1×4$
　　$=400-4$
　　$=396$

③ $25×18×4=(25×4)×18$
　　$=100×18$
　　$=1800$

④ $51+38+49=(51+49)+38$
　　$=100+38$
　　$=138$

どこを先に計算すると計算が楽になるのかな？

62

24 かくにんテスト 3

点

1 筆算で計算をしましょう。 (1つ5点)

① 365×132

```
      3 6 5
  ×   1 3 2
      7 3 0
    1 0 9 5
  3 6 5
  4 8 1 8 0
```

② 503×826

```
      5 0 3
  ×   8 2 6
    3 0 1 8
    1 0 0 6
  4 0 2 4
  4 1 5 4 7 8
```

③ 371×403

```
      3 7 1
  ×   4 0 3
    1 1 1 3
  1 4 8 4
  1 4 9 5 1 3
```

④ 807×309

```
      8 0 7
  ×   3 0 9
    7 2 6 3
  2 4 2 1
  2 4 9 3 6 3
```

2 工夫して、筆算で計算をしましょう。 (1つ5点)

① 2900×80

```
  2 9 0 0
  ×   8 0
  2 3 2 0 0 0
```

② 590×1700

```
      5 9 0
  × 1 7 0 0
      4 1 3
    5 9
  1 0 0 3 0 0 0
```

47

3 計算をしましょう。 (1つ5点)

① $8+12÷6$
　$=8+2$
　$=10$

② $7×6-4÷2$
　$=42-2$
　$=40$

③ $6×(5+4)÷9$
　$=6×9÷9$
　$=54÷9$
　$=6$

④ $120÷(13+17)$
　$=120÷30$
　$=4$

⑤ $6×(10-9÷3)$
　$=6×(10-3)$
　$=6×7$
　$=42$

⑥ $200-4×25$
　$=200-100$
　$=100$

4 工夫して計算をしましょう。 (1つ5点)

① $97×3$
　$=(100-3)×3$
　$=100×3-3×3$
　$=300-9$
　$=291$

② $16×25×4$
　$=16×(25×4)$
　$=16×100$
　$=1600$

5 次のうち、うんこ技「セイント・ジョニー」はどれですか。 (30点)

あ

い

う

48

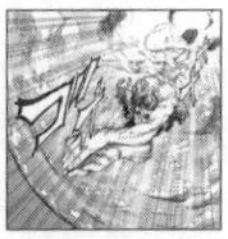

答え

49ページ

25 まとめテスト

4年生のわり算

点

今日のせいせき
まちがいが
0~2こ よくできたね!
3~5こ できたね
6こ~ がんばれ

1 筆算で計算をしましょう。 〈1つ5点〉

①
```
    25
 3)77
   6
   17
   15
    2
```

②
```
   116
 8)930
   8
   13
    8
    50
    48
     2
```

③
```
   108
 4)435
   4
    3
    0
    35
    32
     3
```

④
```
    50
 5)253
   25
     3
     0
     3
```

⑤
```
     4
 24)96
    96
     0
```

⑥
```
      8
 32)282
    256
     26
```

⑦
```
      12
 62)795
    62
    175
    124
     51
```

⑧
```
      30
 27)827
    81
     17
      0
     17
```

⑨
```
        3
 276)830
     828
       2
```

49

50ページ

2 工夫《くふう》して，筆算で計算をしましょう。 〈1つ5点〉

①
```
      35
 80)2800
    24
     40
     40
      0
```

②
```
        12
 600)7500
     6
     15
     12
      300
```

③
```
            8
 3000)25100
      240
        1100
```

3 計算をしましょう。 〈1つ5点〉

① 30－21÷3
＝30－7
＝23

② 55÷(5＋3×2)
＝55÷(5＋6)
＝55÷11
＝5

4 次のうんこ技《わざ》の正しい名前をそれぞれ選《えら》んで，線で結びましょう。 〈全部できて30点〉

飛燕《ひえん》の太刀《たち》 威那美刈《いなびかり》

ドラゴニック・パープルサンダー

うんこ世界《ザ・ワールド・イズ・マイン》

50

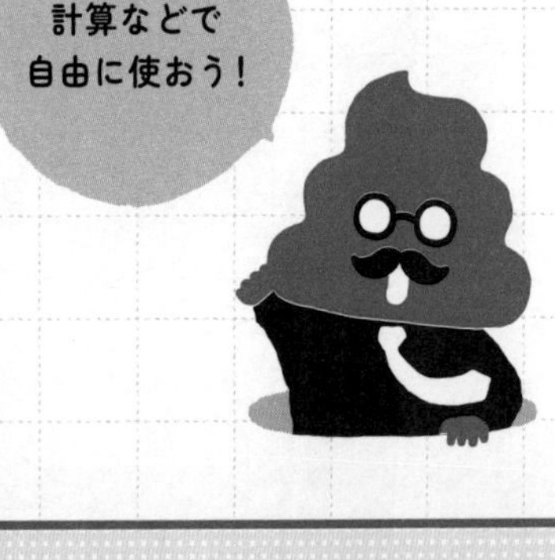
計算などで
自由に使おう！

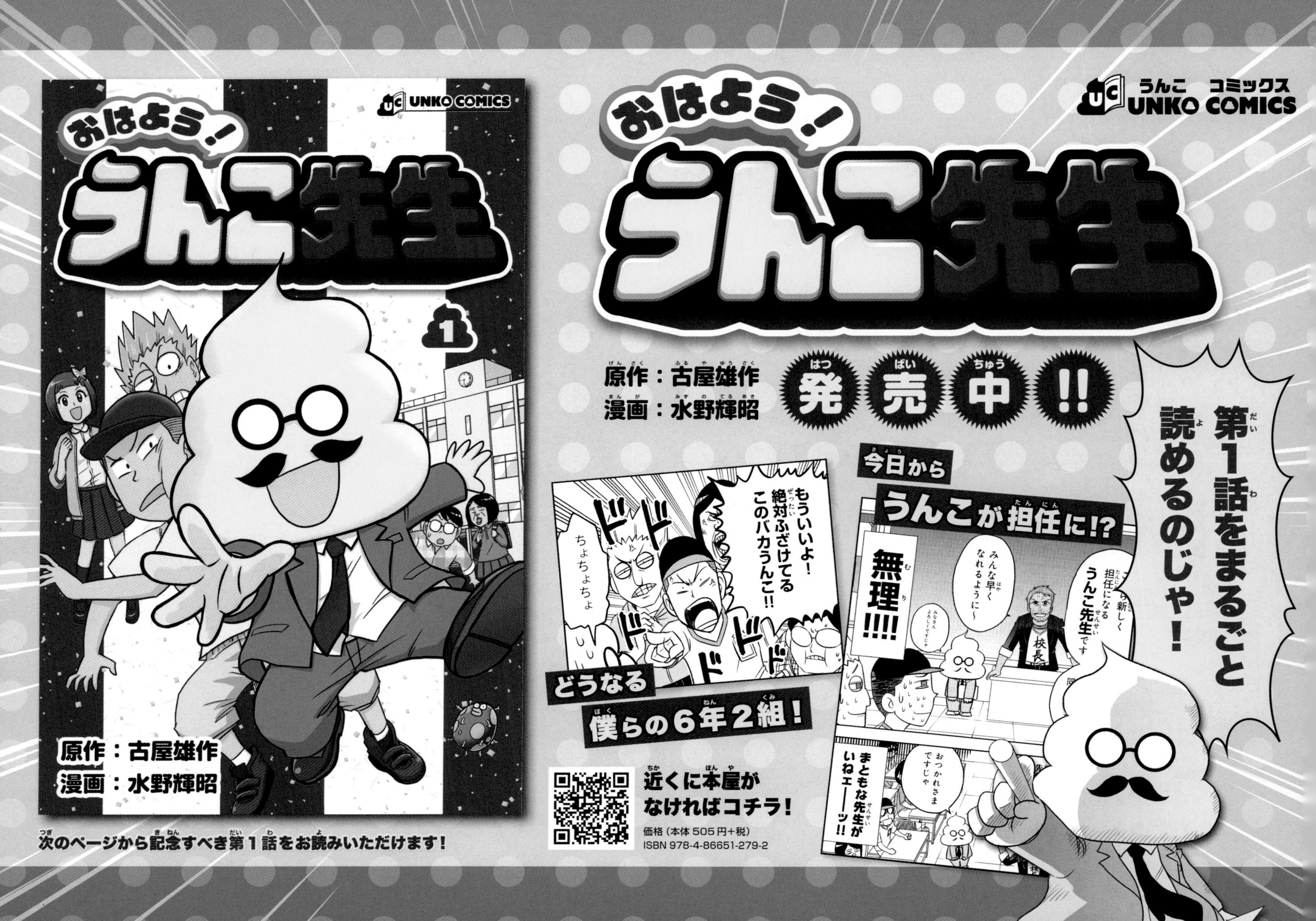
うんこ コミックス
UNKO COMICS
おはよう！
うんこ先生
原作《げんさく》：古屋雄作《ふるやゆうさく》
漫画《まんが》：水野輝昭《みずのてるあき》
発《はつ》売《ばい》中《ちゅう》!!
第《だい》1話《わ》をまるごと読《よ》めるのじゃ！
今日《きょう》から
うんこが担任《たんにん》に!?
ら新しく担任になるうんこ先生《せんせい》です
みんな早《はや》くなれるように～
みなさんよろしくですじゃ
無理《むり》!!!!
おつかれさまですじゃ
まともな先生《せんせい》がいねエ――ッ!!
もういいよ！絶対《ぜったい》ふざけてるこのバカうんこ!!
ちょちょちょ
ドドドドドドド
どうなる
僕《ぼく》らの6年《ねん》2組《くみ》！
近《ちか》くに本屋《ほんや》がなければコチラ！
価格（本体 505円+税）
ISBN 978-4-86651-279-2
UNKO COMICS
おはよう！
うんこ先生
1
原作：古屋雄作
漫画：水野輝昭
次《つぎ》のページから記念《きねん》すべき第《だい》1話《わ》をお読《よ》みいただけます！

読《よ》む順番《じゅんばん》

矢印《やじるし》の順番《じゅんばん》に読《よ》んでください

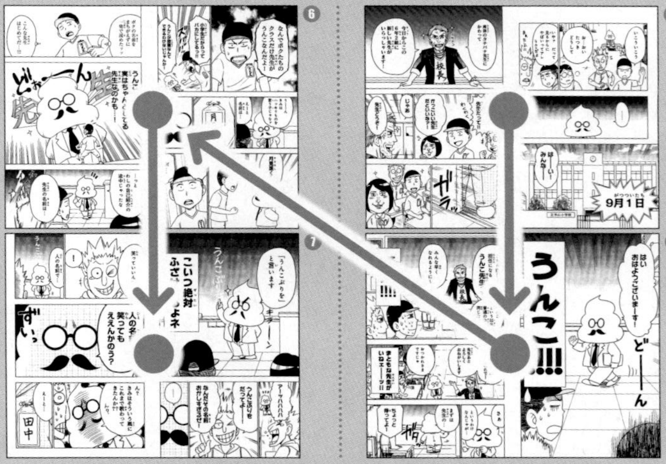

↓ではここから！『おはよう！うんこ先生《せんせい》』第《だい》1話《わ》スタートです！

4

9月1日《がつついたち》
主手山小学校
はーーい！
みんなーー
……
いこういこう
お…おい
たつき
どうして
いやァ だって
見《み》るからに
やばいってアレ
うんこだよ
まぁ たしかに
産休《さんきゅう》のタチバナ先生《せんせい》に
かわって
今日《きょう》からこの
6年《ねん》2組《くみ》に
新《あたら》しい先生《せんせい》が
いらっしゃいます！
イケメン
おっ！
新《あたら》しい
先生《せんせい》だって!!
わくわく
かっこいい先生《せんせい》
だといいなァー
じゃあ
先生《せんせい》どうぞ！
ガラッ

5

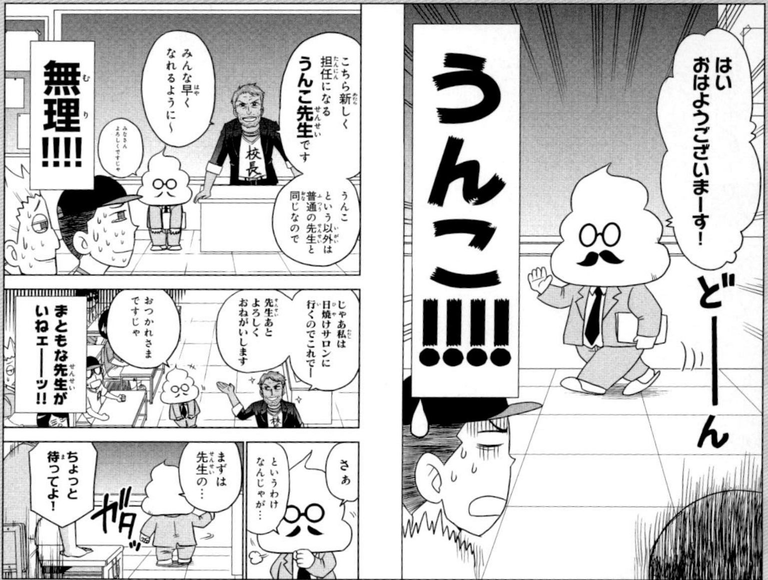

はい
おはようございまーす！
どーーーん
うんこ!!!!
こちら新《あたら》しく
担任《たんにん》になる
うんこ先生《せんせい》です
うんこ
という以外《いがい》は
普通《ふつう》の先生《せんせい》と
同《おな》じなので
みんな早《はや》く
なれるように〜
みなさん
よろしくですじゃ
無理《むり》!!!!
じゃあ私《わたし》は
日焼《ひや》けサロンに
行《い》くのでこれでー
先生《せんせい》あと
よろしく
おねがいします
おつかれさま
ですじゃ
まともな先生《せんせい》が
いねェーーーッ!!
さぁ
というわけ
なんじゃが…
まずは
先生《せんせい》の…
ちょっと
待《ま》ってよ！
ガタッ

6

なんでボクたちの
クラスだけ先生《せんせい》が
うんこなんだよ！
小学生《しょうがくせい》だからって
バカにしてるっ!!
ズバババ
うんこが授業《じゅぎょう》なんて
できるわけないじゃんか！
うーーん
きみは
ハッキリものを
言《い》う子じゃなァ
えーと
名前《なまえ》は…
月見里
月見里《やまなし》くんか
…！
ボ…
ボクの名前《なまえ》を
まちがえずに
一発《いっぱつ》で読《よ》めたッッ
こんな先生《せんせい》
はじめてだ…!!!
うんこだけど
実《じつ》はちゃんとしてる
先生《せんせい》なのかも…！
どぉーーん
先生
…っと
わしの自己紹介《じこしょうかい》の
途中《とちゅう》じゃったな
先生《せんせい》の名前《なまえ》は…
カッ
カッ

7

「うんこぶりを」
と言《い》います
うんこぶりを
キラーン
こいつ絶対《ぜったい》
ふざけてるよネ
アーッハハハハ
うんこぶりを
だってよーー！
なんだその名前《なまえ》
おかしすぎるぜ！
……
うんこぶり
人《ひと》の名前《なまえ》で…
！
笑《わら》っていいんかのう
人《ひと》の名前《なまえ》で
笑《わら》っても
ええんかのう？
ずいっ
ん？
きみはそういう風《ふう》に
これまで教《おそ》わって
きたんか？？
ん？
ちげェ
えーと…
田中

8

田中《たなか》くん…
ブブッ
ふつう!!!
ぶばっ
たなかて!!
失礼《しつれい》な奴《やつ》だな!!!
ところで
きみたちは…
コホン
昨日《きのう》わしに
ウソをついたのう
?
あ
このあたりに
主手山小学校
という学校は
ないかのう
そんな
学校
知らないなァ
えっ
そういえば
……!!
わしが困《こま》っとったのに
学校《がっこう》の場所《ばしょ》を
教《おし》えてくれんかった…
困《こま》っとる人《ひと》には
親切《しんせつ》にせんと
いかんじゃろ?
だ…だって
怪《あや》しかったからだよ!!
あんなとこに
うんこなんか座《すわ》ってたら
逃《に》げるに決《き》まってるじゃん!!!
!!
あ…あやしい…
わしが…
ぷる
ぷる

9

ガーン
ただうんこって
だけじゃろ…???
それで十分《じゅうぶん》だ!!!!!
うーむ
どうも日本《にほん》は
遅《おく》れとっていかん
もう海外《かいがい》では
人《ひと》とうんこは半々《はんはん》
くらいなんじゃが…
ピキキッ
さらっと
うそをつくな!!!
まぁええ!!
とにかくわしはうんこじゃが
ちゃんとした先生《せんせい》なのじゃ!!
わしが担任《たんにん》に
なったからには…
きみらを
ナンバーワンに
しちゃうのじゃぞい!!!!
くるっ
ナ…
ナンバー
ワン…!!!
本当《ほんとう》に…??
もちじゃッ!!
わしには
見《み》えるぞい!
きみらが
この町《まち》…いや!
この県《けん》…いや!
この日本《にほん》で
ナンバーワンの…

10

おすもうさんに
なっとる姿《すがた》が!!!!
ワー ワー
たっき
なぜ!!!!!!?
もういいよ!
絶対《ぜったい》ふざけてる
このバカうんこ!!
ドドドドドド
ちょちょちょ
ふつうの先生《せんせい》がいいよ!
校長先生《こうちょうせんせい》に言《い》いに行《い》こう
待ってくれ
待ってくれい!!
ゾロゾロ
わしを先生《せんせい》として
認《みと》めるかどうか…
これを
見《み》てから判断《はんだん》して
ほしいのじゃ!
ぐ…
ふつうの
先生《せんせい》には…
絶対《ぜったい》にこんなこと
できんぞい!!
ぐ…
ぐぐぐ…
おおお
〜〜〜!!!

11

ぼわんっ
ひげ濃《こ》くなった
だけ〜〜〜ッ
!!!?!
そしてキモイ!
しかもなんか
死《し》にかけてる!!!!
ハァ ハァ ハァ ハァ
UP《ウンコパワー》を
つかいすぎた…
バタリ
ちぇっ
なんだよ
変身《へんしん》でもするのかと
思《おも》ったじゃん
それなら
ちょっと面白《おもしろ》かった
のに!!
オレもビーム光線《こうせん》とか
出《で》るのかと思《おも》ったぜ
出《で》るわけ
ないでしょ!
バカばっかね
変身《へんしん》と
ビームくらい
なら…
ゴワッ
……

ブワーン!!
ビュッ
どがあん
こんなんでええなら…
ひゅん…

キラ キラ キラ キラ キラ
バカ男子《だんし》!!!
もうっ！何《なに》してるのよ!!
ペシコン
ペシコン
てっ！
ふり
ふり
いかんいかんなんかペースにハメられてる！
絶対《ぜったい》おかしい！
こんなふざけてる先生《せんせい》ダメだよ！
……
何《なん》で先生《せんせい》がふざけてたら
ぶりー
いかんのじゃ？
……
えッ!?
だ…だって先生《せんせい》だろ!? 先生《せんせい》はちゃんとしてて
ボクたちに勉強《べんきょう》を教《おし》えるのが仕事《しごと》だ！
ふーむそうか先生《せんせい》ってちゃんとしとらんとダメかいな？
当《あ》たり前《まえ》だろ！

「先生《せんせい》とはこうでないと」
「勉強《べんきょう》はまじめにやらないと」
「男《おとこ》は強《つよ》くないと」
「女《おんな》はお料理《りょうり》ができないと」
先生《せんせい》…!!
たしかにそうだボクたちはいつのまにか大切《たいせつ》なことを忘《わす》れていたのかもしれない！
誰《だれ》がそんなの決《き》めたんじゃ？
なんか…うんこが先生《せんせい》でもいいような気《き》がしてきたよ！
気軽《きがる》に「うんこ先生《せんせい》」と呼《よ》んでくれい
うんこ先生《せんせい》~!!
ありがとなのじゃ！
もともとそんなルールないのに…
勝手《かって》に息苦《いきぐる》しくしとらんかい?!!
「みんながこう言《い》うから」じゃなくて自分《じぶん》の頭《あたま》で考《かんが》えてみること
わしはそれが一番大事《いちばんだいじ》だと思《おも》うぞい！
では…
コホン
さっそくじゃが授業《じゅぎょう》を始《はじ》めてもええかの
うん!!
ほんじゃ最初《さいしょ》の授業《じゅぎょう》は…

すもうじゃ!!
なんでなの!!!!!
がっぷり
すもうをとりながらボクは思《おも》った…
ズッ
次《つぎ》はわしが相手《あいて》じゃ
この先生《せんせい》うんこだけど…
いちについて
いやそれ別《べつ》の競技《きょうぎ》！
どーーん
けっこう面白《おもしろ》いかも！
〈おはよう！うんこ先生《せんせい》・第《だい》1話《わ》／おわり〉

子《こ》どもたちの学《まな》びのプラットフォーム

パソコンやタブレットで遊《あそ》ぶのじゃ！

うんこワールドをのぞいてみよう!

登録《とうろく》不要《ふよう》・無料《むりょう》

world.unkogakuen.com

うんこワールド

1 学校《がっこう》じゃ教《おし》えてくれない“生《い》きていく上《うえ》で大切《たいせつ》な知識《ちしき》”をゲームで学《まな》ぼう！ キミはいくつクリアできる？

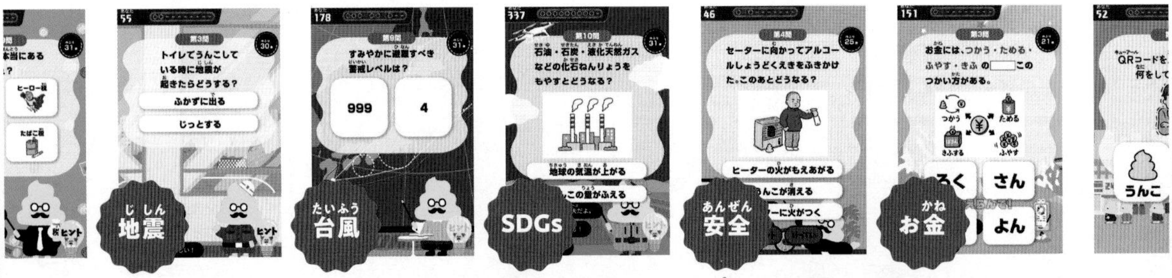

ゲームをクリアして
うんこをコレクションしよう！

2 「うんこ例文《れいぶん》タイピング」でタイピング練習《れんしゅう》・英単語学習《えいたんごがくしゅう》もできる！

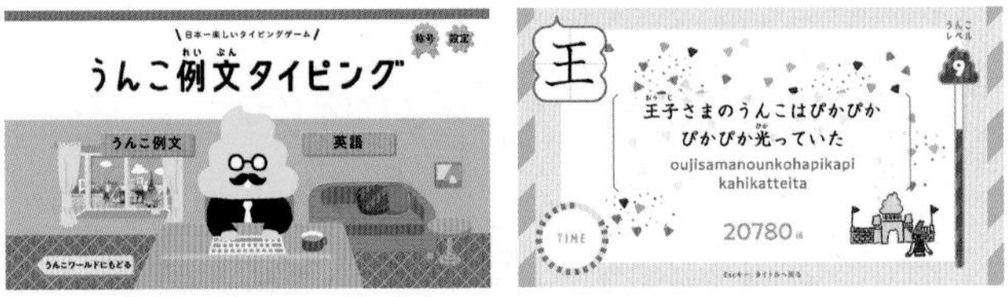

3 反復学習《はんぷくがくしゅう》の全《まった》く新《あたら》しいカタチ！ 小学《しょうがく》3～6年生向《ねんせいむ》け学習教材《がくしゅうきょうざい》「うんこゼミ」が体験《たいけん》できる！

国語《こくご》 算数《さんすう》 理科《りか》 社会《しゃかい》 ＋ 英語《えいご》 教養《きょうよう》

くわしい内容《ないよう》や費用《ひよう》はこちら